生态流量技术指南丛书

结构单元法技术指南

侯俊　丁伟　苗令占　编

中国水利水电出版社
www.waterpub.com.cn
·北京·

内 容 提 要

结构单元法（building block methodology，BBM）是南非和澳大利亚等国广泛运用的评估流量调控对河流生境影响的工具之一。本书根据国内外结构单元法相关资料编译而成，共分为三篇：第1篇介绍了结构单元法的起源、意义、框架等，第2篇介绍了结构单元法中各个"单元"的研究内容，第3篇介绍了结构单元法实施后的流量管理。

本书是从事生态水力学、环境流量、水资源管理研究的参考性资料，特别对于结构单元法的学习、研究和应用具有一定的技术支持和指导意义，可供水利、生态和环境领域的科研人员，高等学校水利、生态、环境的教师和学生参考，也可供从事水资源管理和生态环境管理的人员参考。

图书在版编目（CIP）数据

结构单元法技术指南 / 侯俊，丁伟，苗令占编. --
北京 ： 中国水利水电出版社，2022.10
　（生态流量技术指南丛书）
　ISBN 978-7-5226-0991-1

　Ⅰ．①结… Ⅱ．①侯… ②丁… ③苗… Ⅲ．①河流－
生态系－流量计算－指南 Ⅳ．①TV131.2-62

中国版本图书馆CIP数据核字(2022)第168654号

书　　名	生态流量技术指南丛书 **结构单元法技术指南** JIEGOU DANYUAN FA JISHU ZHINAN
作　　者	侯俊　丁伟　苗令占　编
出版发行	中国水利水电出版社 （北京市海淀区玉渊潭南路1号D座　100038） 网址：www.waterpub.com.cn E-mail：sales@mwr.gov.cn 电话：(010) 68545888（营销中心）
经　　售	北京科水图书销售有限公司 电话：(010) 68545874、63202643 全国各地新华书店和相关出版物销售网点
排　　版	中国水利水电出版社微机排版中心
印　　刷	天津嘉恒印务有限公司
规　　格	184mm×260mm　16开本　10印张　243千字
版　　次	2022年10月第1版　2022年10月第1次印刷
定　　价	**78.00元**

凡购买我社图书，如有缺页、倒页、脱页的，本社营销中心负责调换

前言

生态流量（又称环境流量）是指维持河流、湖泊、河口地区生态环境健康的河道内流量、水位和水文过程，以及保持河流健康和生态服务价值前提下，符合一定水质、水量和时空分布规律要求的河流水流体制。保障河湖生态流量，事关江河湖泊健康，事关生态文明建设，事关高质量发展。20世纪末，我国大力发展水利基础设施建设，河流开发活动日益增多。然而，人们对于河流开发活动过程中社会经济用水与生态用水的统筹协调工作缺乏经验和理论支持，这便对河流自然水文情势产生影响，进一步影响了河流生物多样性。为缓解河流开发活动对河流的影响并加强对河流生态的保护，近年来，我国河湖生态流量保障工作不断加强，水生态状况得到初步改善。但也要看到，受自然禀赋条件限制、不合理开发利用以及全球气候变化等影响，部分流域区域生活、生产和生态用水矛盾仍然突出，河湖生态流量难以保障，河流断流、湖泊萎缩、生物多样性受损、生态服务功能下降等问题依然严峻。

为进一步推进生态文明建设，切实依法加强河湖生态流量管理，水利部于2020年出台了《水利部关于做好河湖生态流量确定和保障工作的指导意见》（水资管〔2020〕67号），提出要以维护河湖生态系统功能为目标，科学确定生态流量，严格生态流量管理，强化生态流量监测预警，加快建立目标合理、责任明确、保障有力、监管有效的河湖生态流量确定和保障体系，加快解决水生态损害突出问题，不断改善河湖生态环境。

我国生态流量研究起步较晚、基础薄弱，在实践中大多采用指标明确、简单易行、成本较低的水文学法、水力学法，由于这些方法都是基于经验和理论建立的，因而难以很好地反映水生生物-栖息地-流量之间的响应关系，难以符合当地河流的实际情况。近年来，能够更好地反映河流水生生物与流量之间响应关系的整体法逐渐受到关注。然而，由于国内缺少该方法的指导资料，大家在使用过程中存在着这样或那样的问题，给生态流量的实践带来很多困扰。本书系统整理了结构单元法（building block methodology，BBM），以期抛砖引玉，为我国生态流量的实践提供方法上的借鉴。

BBM 是在南非、澳大利亚、英国等国家广泛应用于评估流量调控对河流生境影响的工具之一。自 20 世纪 90 年代以来，南非首先开展了用于环境流量评估的专业研讨，其中部分研讨开始以"开普镇"或"萨库扎"的方式（该方式指的是遵从以下研究步骤：①确定研究区域；②调查河流现状，包括鱼类、无脊椎动物、河岸植被、水质、地貌、社会用途现状；③确定河流生态等级和环境目标；④输出环境流量结果）逐步发展。同期，澳大利亚并行开发形成了一种方法的联合描述，当时称为澳大利亚的"整体法"，现在扩展到更具包容性的整体法。在应用该方法期间，南非又进行了进一步的单独开发，最终南非的开发工作者将其命名为"结构单元法（building block methodology）"。1991—1996 年，南非和澳大利亚为多条河流举办了 BBM 研讨会，例如萨比河、图盖拉河、洛根河等。虽然自那以后出现了更多的 BBM 应用，但这些早期应用产生了 BBM 中包含的流量评估方法的基本性质。随后南非、澳大利亚等研究学者相继出版了 *Setting Environmental Flows in Regulated Rivers*、*Environmental Flow Assessments for Rivers：Manual for the Building Block Methodology*、*Environmental Flow Assessment Methods and Applications*、*Environmental Flows：Building Block Methodology* 等著作。本书是在上述系列文件报告以及国内外相关文献专著资料编译的基础上完成的，旨在推动我国环境流量特别是整体法的交流和发展。结构单元法基于这样的概念，即河流完整水文系统中的一些流量对于维持河流生态系统比其他流量更为重要，并且可以根据其大小、持续时间、时间和频率来确定和描述这些流量。结合起来，这些流量构成了环境流量需求，并作为河流特定的水文情势，与预设的流量状态相关联。研讨会上的一些专家使用水文基流和洪水数据，包括各种水文指数、基于横断面的水力数据，以及生态系统组成部分与流量相关的需求信息，以确定环境流量需求的具体流量要素。

第 1 篇结构单元法概述简明介绍了结构单元法的定义、框架、评估的理论基础以及所面临的问题，可以帮助巩固环境流量评估的知识，为更简便地使用 BBM 奠定基础。内容一共包含两章。第 1 章回顾了环境流量的定义、评估方法、评估理论基础以及所面临的问题。这部分内容，可以帮助了解 BBM 的出现是为了解决水资源管理中出现的一些复杂问题，同时暗示了未来流域环境流量的管理方向。第 2 章概述了 BBM 的定义、内涵和框架。这部分内容提供了一个框架，方便深入了解 BBM 的意义以及简明扼要地判断该方法是否适合研究目的。

第 2 篇系统完整地描述了如何利用 BBM 法进行河流环境流量研究。内容一共包含 10 章。第 3 章介绍了 BBM 研究中如何合理划定研究区域。第 4 章和第 5 章描述了应用 BBM 时应从研究区域内河流的生态重要性、敏感性和周边的社会调查开始，初步了解河流生态现状、开发利用现状与需求，为后续确定环境流量需求提供参考。第 6~10 章介绍了 BBM 中有关河流水文情势以及生境研究，主要包括河流水文学研究、水力学研究、河流鱼类研究、无脊椎动物研究以及水生植物研究，通过了解河流现状水文情势以及河流流量与生物之间的响应关系，为后续确定河流环境流量提供理论基础。第 11 章介绍了从水质角度来考虑河流环境流量的问题。第 12 章介绍了一种可以提高环境流量评估中流量-生态响应模型质量的方法，同时可以充分利用所有可用信息来为环境流量评估提供信息。本篇内容全面、详细地描述了 BBM 中各单元所需要的研究内容，旨在向管理和分配自然资源的决策者提供一个概览，并提供模型概念、数据要求、校正技术和质量保证方面的背景知识，以帮助技术用户设计和实施符合成本效益的 BBM 应用，从而提供与政策相关的信息。

第 3 篇为 BBM 实施后的流量管理，内容为第 13 章。从适应性管理、环境流量需求与水资源和气候条件关系等方面介绍了 BBM 后续流量管理的意义和建议，旨在为 BBM 应用过程中如何进行河流流量管理提供思路。

本书的编写工作主要由侯俊、丁伟和苗令占负责完成。第 1 章和第 2 章由侯俊、丁伟完成，介绍了生态流量评估入门知识和结构单元法框架和意义；第 3~7 章由丁伟、侯俊、王丹、严万成完成，主要包括确定研究区域、研究区域内河流生态重要性和敏感性、进行区域内社会调查，以及负责水文学、水力学"单元"的研究框架，第 8~11 章由侯俊、丁伟、苗令占、楼逸帆完成，介绍了水生生物"单元"的研究框架、结构单元法中水质的考虑因素，第 12 章由丁伟完成，介绍了优化现有数据和专家意见的方法，第 13 章由丁伟、侯俊、苗令占完成，介绍了结构单元法实施生态流量后的流量管理与监测。

感谢国家重点研发计划项目"水利工程环境安全保障及泄洪消能技术研究"课题"水利工程环境流量配置与保障关键技术研究"（2016YFC0401709）、国家自然科学基金委优秀青年科学基金项目"水环境保护与生态修复"（51722902）等项目资助以及国家"万人计划"、科技部"创新人才推进计划"、"江苏特聘教授"、江苏省"333 工程"、中国水利学会"青年人才助力计划"等人才计划的支持。

由于作者水平有限，书中难免存在疏漏和不足之处，敬请读者批评和指正。

作者

2022 年 5 月

目录

第3篇　结构单元法实施后的流量管理

第 1 篇

结构单元法概述

引言

水文情势是河流生态系统特征最重要的决定因素之一，反映了其地理位置以及该地区的地质和地形特征（Statzner 和 Higler，1986；Tol，2013）。生态系统组成部分，如河道类型和模式、水质、水温、河道和河岸以及相关湿地的生物群落等，反映了河流水文情势的性质。水文情势对河流生物群落的生存具有很强的影响性，河流的大规模开发以及水库的径流调节使河流的自然水文情势发生了较大的变化。自然水文情势的变化不仅改变了河流生态系统的结构与功能，还会导致淡水生态系统严重退化。因此，为了保护水生态系统，有必要在人类开发水资源的前提下确定维持河流生态健康的基本水文条件。从 20 世纪 70 年代起，为加强河流生态保护，西方国家提出了"环境流量"的概念和评价方法，并在其后 40 多年不断发展和完善。我国已经在环境流量/生态流量实践方面开展了较多探索（管理实践中多采用"生态流量"的提法），形成了较为系统的管理体系，在河流水资源管理、河流水电开发规划、水利水电工程建设项目环境影响评价、环境影响后评价和其他开发管理过程中均有涉及。

目前，我国河流水利水电开发正值快速发展期，对生态流量研究与管理实践的要求不断提高，从原先的"对生态基流的约束红线"逐渐提高至"对生态流量过程的整体要求"（陈昂等，2019）。2015 年联合国可持续发展峰会上正式通过的成果性文件《改变我们的世界：2030 年可持续发展议程》为整合社会、经济和生态环境目标提供了关键政策指导，探讨了将实施环境流量纳入全球水资源管理目标的可行性，保障未来自然资源开发与河流生态系统的协调发展。可持续发展议程识别了水资源缺乏、水质恶化的负面影响，肯定了水电作为清洁能源的重要作用，明确了实施环境流量的作用，下一步亟须加强生态流量与水资源管理领域之外的耦合研究，促进可持续发展目标的实现。设定合适的生态流量是推动实现联合国 2030 年可持续发展目标的重要举措，也是解决水-能源-粮食纽带关系（water-energy-food nexus）的重要途径，生态流量研究与实践是维持河流生态系统健康、减缓河流开发生态影响的重要内容（刘晓燕等，2008；Arthington A H 等，2018）

生态流量的研究作为一种新兴的、不断发展的科学，对于流域的综合管理意义重大，其研究成果能够为河流综合管理提供科学有效的参考依据。

第1章 生态流量概述

1.1 生态流量定义

20 世纪末，我国大力发展水利基础设施建设，河流开发活动日益增多。然而，人们对于河流开发活动过程中社会经济用水与生态用水的统筹协调工作缺乏经验和理论支持，这便对河流自然水文情势产生影响，进一步影响了河流生物多样性。为缓解河流开发活动对河流的影响并加强对河流生态的保护，西方国家首先提出了"环境流量"的概念，随后不同国家根据本国国情开展了相应的理论方法研究和实际应用探索，并不断地发展和完善。

环境流量发展过程中出现了很多相关的概念和定义，直至 2007 年世界环境流量大会《布里斯班宣言》(*Brisbane Declaration*) 定义环境流量为"维持河流、湖泊、河口地区生态环境健康和生态服务价值，符合一定水质、水量和时空分布规律要求的河流水流体制"，这才形成了统一认识 (Arthington A H 等，2018)。2017 年世界环境流量大会对环境流量概念进一步完善，将人类文化用水需求也纳入其中，这丰富了环境流量的内容，强化了环境流量对可持续发展和河流生态系统保护的意义 (Poff 等，2017)。

目前，国外使用较多的有河道内流量 (in - stream flow)、最小流量 (minimum flow)、最小可接受流量 (minimum acceptable flow) 等 (Suen 等，2006；Tharme，2003；Lewis 等，2004)。同时我国学者也提出了环境流量类似的概念，例如《水资源保护工作手册》《中国水利百科全书》《21 世纪中国可持续发展水资源战略研究》提出的"生态用水""环境用水""河道内生态需水"等概念；当下使用较多的概念包括"生态需水""环境流""环境需水""生态基流""生态流量""最小生态流量""敏感生态需水量"等 (粟晓玲等，2003；钟华平等，2006；胡和平等，2008；陈敏建等，2007；Yu M 等，2012)。王浩等 (2007) 提出"生态需水"是在流域自然资源，特别是水土资源开发利用条件下，为了维护河流为核心的流域生态系统动态平衡，避免生态系统发生不可逆的退化所需要的临界水分条件；刘晓燕 (2008) 提出河流的"环境流"指在维持河流自然和社会功能均衡发挥的前提下，能够将河流的河床、水质和生态维持在良好状态所需要的河川径流条件；夏军 (2003) 提出环境需水是维持生态系统平衡最基本的需用水量，是生态系统安全的一种基本阈值。

本指南中所提到的"生态流量"是指维持河流、湖泊、河口地区生态环境健康的河道内流量和水文过程，以及保持河流健康前提下和生态服务价值，符合一定水质、水量和时空分布规律要求的河流水流体制（《布里斯班宣言》，2017）（Arthington A H，2018）。目前，生态流量的研究主要集中于河流生态系统中特定流量组分和生态保护目标的协调关系，旨在帮助河流恢复自然水文情势，逐渐恢复河流生态系统完整性（陈昂，2019）。

1.2　生态流量评估的理论基础

随着人口的增长，人们对水的需求不断增加，河流的水文情势正在以多种多样的方式变化着，但有两个主要的趋势：①沿河用水量的增加或水被储存在上游水库中，导致河流中的水流量减少了；②另一条河流的水正沿着河道释放进入河流，引起河水流量增加。这两种趋势都可能在一年中的不同时间发生在同一条河流中，这将导致河流自然水文情势呈现总体逆转的趋势。因此，在受影响的河流中，丰水期可能出现低流量，这是由于水被储存在上游水库中；而在干旱期可能出现高流量，这是由于水库正在放水以满足下游流量需求。

在水文情势被人为改变的河流中，所有这些组成部分都可能发生变化而与其历史条件有所不同，其中变化的程度反映了流量被改变的严重程度。如果改变停止，那么在人为变化允许的范围内，所有这些组成部分都倾向于恢复到它们的自然历史状态。人为地维持非自然状态可能会引起一系列的变化，例如动植物群落特征的变化、稀有物种的丧失、河岸侵蚀、河岸土地的丧失以及河道内大坝使用寿命的缩短。因此，在河流开发利用之前，应采取生态流量评估对河流自然水文情势加以保护。

尽管有大量关于生态流量方法的文献存在，但令人惊讶的是，支撑这些方法的理论基础和基本原理文献却很少。然而，参与这种流量评估的工作人员存在大量疑问，例如："河流中是否存在多余的水？""流量可变性和可预测性以及河流生态系统的恢复力和抵抗力在生态流量评估中的重要性？"等。

本节的目的是明确有关 BBM 的基本假设，虽然没有提供明确的证据证明这些假设是正确的（生态学中存在太多的不确定性），但梳理并归纳出一些人们普遍认同的结论，促使人们理解 BBM 的基本原理和内涵，仍然十分重要。本章主要分析了河流生态学中普遍存在的五个主要假设，它们是生态流量评估可信度的基础：①河流中有多余的水；②河流能从大多数干扰中恢复过来；③河流的自然干扰机制对维护其生物多样性至关重要；④生境的维护将确保物种的可持续性；⑤河流群落特别是半干旱地区的群落是由非生物过程而不是生物过程驱动的。

1.2.1　河流中有多余的水

这一基本假设是所有评估河流环境用水需求方法的基础。这反映了一个人们在开发利用河流时的希望，即从河流中取水的同时仍然能保持其现状。但是，如果要开发河流的水资源，那么根据定义，河流中剩余的水量将减少，这将或多或少地影响河流生态系统的特征。

在美国，Richter 等（1997）开发了一种基于水文学的方法来设定"基于流量的河流生态系统管理目标"，称为"范围变化法"（range of variability approach，RVA）。在他们对方法的解释中，解答了河流中是否有多余水的困惑。他们提出了一种新的概念——"自然流量范例",该名词可解释为"水文情势的年内和年度变化的全部范围,以及时间、持续时间、频率和变化速率的相关特征,对于维持完整的本地生物多样性和水生生态系统的完整性至关重要"。这样的范例表明河流中没有多余水,因为水文情势的所有组成部分都是维持自然条件所必需的。尽管如此,Richter 等(1997)提出了一种方法,该方法描述了如何在保持河流自然条件的同时减少流量,从而反映了"多余水"的假设。

虽然从最严格的理论意义上说,人们不能在不影响其环境的情况下减少一种资源,但在河流中假设多余水有三个主要的理由。

1. 大多数河流的自然流量变化很大

大多数河流的自然流量变化很大,特别是在世界上干旱地区的河流中,例如南非,年流量可能每年都有不同的数量级。这就意味着,在这样一条河流中存在的任何物种必须能够在水量远低于平均水平的情况下存活,尽管不一定能繁殖。Preston - Whyte 和 Tyson(1988)提出,南非干旱年份和丰水年份的年流量时间序列支持了这一观点,即当年总流量低于平均值时,生物群仍可以存活多年,但是这并不意味着生物群在永久干旱条件下也保持不变。Weeks 等(1996)表明,在干旱期以及正常的低流量季节,南非东部的萨比河中鱼类发生了重大的群落迁移。然而,如果河流生态条件与过去发生的条件没有显著差异,在短期到中期内,河流生态系统的恢复反映了围绕某些共同条件的动态流量。因此,从时间尺度看,一个低于正常水平的水文情势可能仍然包含了自然条件的所有主要特征,它也不会永久改变南非河流的生物群。因此,一个经过修改但仍保持生态重要组成部分的水文情势足以维护河流的自然生物群。这将打破"鱼与熊掌不可兼得"的理论,即在保持河流接近自然状态的同时开发利用一部分河水。因此,开发利用河流的方法对于实现这样的目标将是至关重要的。

2. 所有河流不一定需要保持在近自然状态

Richter 等(1997)的范例适用于河流,即"保护本地水生生物多样性和保护自然生态系统功能是主要的河流管理目标"。南非的结构单元法(BBM)做出了较为卓越的创新,即试图为每条河流以及一条河流的不同河段确定具体的生态管理目标。这种方法结合了理想状态(desired state,DS)和理想生态管理级别(ecological management class,EMC)的管理目标,反映了一个国家的现状,即大多数国家的河流都是在原始状态上逐步被改变的。因此,为每条河流设定了可实现的生态管理级别,该级别的设定与河流现状和重要性相关。一方面,例如,流经克鲁格国家公园的勒塔巴河已经在公园上游退化,这主要是由于受到过度取水和相关污染的影响(Chutter 和 Heath,1993)。该河在地区和国家层面都被认为是非常重要的,它的生态管理级别以及其他目标都将长期流量的恢复作为主要目标。另一方面,东开普省的大凯河上游曾有过短暂的水流(DWAF,1994),然而,20 多年来,水流一直被大坝拦截,当下游需要时从大坝中释放一定量的水,为下游农业灌溉提供水源。目前,人们已经认识到大多数河流不再是原始河流,并且为特定河流设定了可实现的保护目标,因此可以逐步评估可以开发利用的水量,而不会影响所设定的生态管理级别。

3. 重大洪水对河流造成结构性破坏,并带走可被大坝拦截并用于增加低流量的水

对于流经发达流域的河流尤其如此(Kochel,1988),那里的天然植被被移除,河岸

缓冲带受损。本指南中提到的"损坏"与生态学家们定义的"河岸缓冲带损坏"存在差异，大多数生态学家会将重大洪水引起的侵蚀和河床运动视为一种河流生态系统重置机制，这对于维护河道及其物理异质性是必需的。对于中小型洪水（重现期不足 10 年）来说可能是这样，但较大的洪水会逐渐对河流造成结构性破坏，栖息地和生物群需要更长时间才能恢复。在过度开发的流域，非常大的洪水通常会造成一种与人为破坏相似的结果，例如河岸植被清除、岸坡损坏等。一个人尽皆知但破坏结果没有被量化的例子是夸祖鲁-纳塔尔省的乌姆福洛济河，在 1984 年其下游河道在飓风的摧毁下（Allanson 等，1990），河岸带被广泛侵蚀，河道严重淤积。在一个世纪的时间范围内这些河道结构变化很难恢复。

因此，有必要接受这样的想法：如果可以对河流的开发利用加以完善地管理，则可以将河流生物群所受的影响降低至最小，或者至少将河流生物群落维持在预先规划的水平。许多地貌学家认为所有流量都或多或少地对河床"起作用"，从而有助于维护河床和河岸的物理条件。Pettsc 等（1994）提出，干旱地带系统中的沉积物运输主要是由低频率和高强度的流量事件引起的。然而对于这一观点科学家们似乎没有达成普遍一致的意见。Kochel（1988）回顾了关于"频次较低的大规模洪水与频次较高的小规模洪水对河道和洪泛平原的累积影响"的辩论。他认为可能没有一般性的结论，因为个别洪水的影响取决于一系列相互依赖的变量，包括气候、河道和流域特征等。

由于这种不确定性，预测流量减少对沉积过程的影响存在较大的困难，而这一过程对维持河道形态以及栖息地多样性至关重要。人们可以设法蓄水以增加低流量，而大多数拦河坝不会严重削弱特大洪水。因此对中小型洪水进行的截流，通常导致河床淤积逐渐变形，其结果可能是沉积物沉积增加或者冲刷增加，这取决于下游沉积物来源的流量调节结构。

1.2.2 河流从大多数干扰中恢复过来

河流似乎能从小规模的短期干扰中迅速恢复。Townsend（1989）评估了无脊椎动物能够对受干扰的河流斑块进行重新定居的速度，Townsend 和 Hildrew（1994）得出结论，无脊椎动物群落对非常小规模的干扰具有抵抗力（保持不变），并且对较大的扰动具有一定的弹性，即能够逐渐恢复到干扰前的状态（恢复到前期），同时 Townsend（1989）也强调了避难所在再度移居中的重要性。对于水生无脊椎动物，显而易见的避难所是未受干扰的上游河段或支流，其他类似的河流是成年昆虫和鱼类的避难所（Stanford 和 Ward，1988）。鱼类能够在河流系统内轻易地移动，但无法隐藏在潜流中，并且大部分鱼类无法离开水域，但它们可以利用洪泛平原、回水、断头浜和支流作为避难所。

Weeks 等（1996）记录了 1991—1992 年极端干旱期间萨比河不同尺度鱼类群落的生存状态。在桑德支流的一个 5m×2m 的河段中，有 14 种鱼存活了 3 个月。克鲁格国家公园当时的管理员 Stevenson - Hamilton 上校说，在 20 世纪初，大规模的金矿开采渗漏使萨比河的干流变成了"贫瘠的河流"（Pienaar，1985）。1933 年在对底栖生物的调查中发现河流中没有生物（Pienaar，1985）。在 20 世纪 40 年代，河流旁边的采矿活动停止后，河流从生物学上逐步恢复，20 世纪末该河流已成为南非最具多样化的河流之一（O'Keeffe 等，1996），这可能是未受采矿活动影响的支流中鱼类迁徙形成的结果。但是，

Weeks 等（1996）发现一些移动性较差的鱼类仍然没能出现在靠近采矿区河流的上游，这可能是因为小瀑布和悬瀑抑制了迁徙。Weeks（1996）等对萨比河进行了为期三年的研究，在早期调查期间发现河中所有鱼类在经历了一些极端低流量和高流量事件后（Pienaar，1978）仍然存在。

世界其他地区的案例也有相似结论，例如西雅图的华盛顿湖和泰晤士河（Moss，1988）水生生态系统在经受一定人为干扰后也出现了类似的大规模恢复。因此，如果消除干扰源（在这些情况下指的是水体污染），河流系统可以恢复得非常好。但在持续干扰的情况下，这些河流将失去恢复能力，许多研究已经证明了这一点。在南非，两个不同程度的河流干扰案例证实了这一观点，其中一个是 Buffalo 河沿岸城市发展的势头不断增加（O'Keeffe 等，1990），特别是主要供水水库上游的城市，导致了河流的长期污染；另一个是来自大渔湾河（Great Fish）跨流域转移的调节流量（O'Keeffe 和 De Moor，1988）改变了河流生态系统，导致黑蝇在水生无脊椎动物群落中处于优势地位。Hildrew 和 Giller（1994）得出的结论是：“河流生态群落如实地遵循平均环境条件，并且在面对持续干扰时是脆弱的”。

虽然河流生态系统在短期内可能受到生物群的干扰，但它们面对结构性破坏时的恢复能力要差很多。当大型洪水从过度开发的流域顺流而下时，尤其是当河岸带被天然植被剥蚀时，可能会造成结构性破坏。Kochel（1988）提供了美国不同地区超过 25 次洪水的地貌影响表，影响范围包含从河岸侵蚀和河道拓宽或沉积到洪泛平原侵蚀或沉积，他还记录了一些导致结构变化很小的大洪水。研究得出以下结论：易受洪水破坏的河流具有高流量－水位相关关系、高河道水力坡度、数量丰富且粗糙的碎石、河岸防侵蚀能力低以及洪水引起的高流速等特征。这些特征在半干旱和干旱地区最为常见，其中强烈且持续时间短的局部降雨也很常见（Kochel，1988）。

Niemi 等（1990）回顾了 150 多个案例研究，报告了淡水系统某些方面的恢复力。大多数涉及污染造成的干扰，但有 8 起涉及洪水干扰。他们的结论是：“所有系统似乎都能抵御大多数干扰，大多数恢复时间不到三年。例外情况包括干扰导致现有栖息地的物理改变；残余污染物留在系统中；系统被隔离且迁徙被抑制”。

当干扰不严重或不持续时，假设河流能从大多数干扰中恢复似乎是合理的。然而，当河道、河岸带或洪泛区受到物理破坏，或者没有或仅有退化的避难所，在发生重新移居时，受干扰河流会发生永久且严重的流量影响。从过去的严重干扰中恢复过来的河流可能无法再次实现恢复。例如，萨比河可能已从 20 世纪上半叶的采矿污染中恢复过来（见上文），但不能再认为这种弹性仍然存在于该河流生态系统中。它的许多支流原来都是生物避难所，而现在大部分都成了林业种植、灌溉作物、人口过剩和过度放牧的区域。随着流域中人为干扰的增加，河流从干扰中恢复的能力不断下降。

1.2.3　河流的自然干扰机制对维护其生物多样性至关重要

早期的文献受到生态干扰不同定义的困扰，例如，只有比生物体一生中经历的普通破坏更大的破坏应被归类为生态干扰。Townsend（1989）很好地阐述了生态干扰的定义：“在时间上任何相对离散的事件都能及时移除生物体并开辟空间或其他资源”，这一定义得到普遍接受。该定义将干扰的概念限制在短期事件的意义上，并结合了自然干扰制度和人为干扰（Poff 和 Ward，1990）。

维持扰动的自然幅度也是重要的，这一假设来自于这样一种观点，即不同的流量在时间和空间上创造出不同的生境条件（溪流斑块）（Townsend，1989）。在所有条件下，这些栖息地条件反过来提供了各种各样的生境和避难所（Townsend，1989）。Hildrew 和 Giller（1994）指出，各种河道形式、洪泛平原和边缘生境的存在使得整个系统同时发生灾难性死亡的可能性极小。他们认为维持这种多样化的栖息地类似于在群落和物种层面"分散风险"。他们还审查了这一观点的证据，说明即使在高流量事件期间，河流中也存在流速和剪切应力较低的区域。

对河流干扰的调查一般集中在洪水的影响上，但异常低流量或无流量的情况同样重要。在南非，瓦尔河和大渔湾河流中大坝释放的低流量持续升高（O'Keeffe 和 De Moor，1989）对无脊椎动物群存在主导作用。O'Keeffe（1988）和 Palmer（1990）对大渔湾河的无脊椎动物群落进行了比较，结果发现在河流的洪水期和低流量期，无脊椎动物群落数量大致相同，但只有 30% 的群落是这两个阶段共有的。

Poff 和 Ward（1990）的结论是，在影响河流生态过程和模式方面，干扰的重要性已经达成共识。他们表示："自然环境异质性和自然干扰的机制构成了一个自然生境模板，它限制了适合当地持久性物种类型的属性"。在早期关于河流生态扰动意义的综述中，Resh 等（1988）得出结论："自然干扰是溪流生态学中的一个重要话题。它可能关系到空间模式的一系列时间变化。干扰的频率、强度或严重程度将决定群落何时（如果有的话）达到平衡。干扰将对生产力、养分循环以及分解产生重大影响。事实上，对于一些研究人员来说，干扰不仅是要研究的溪流中最重要的特征，它还是溪流生态中的主导因素"。

虽然上述例子可能足以证明自然干扰很重要的假设，但关于干扰理论的细节仍存在很多争议。例如，Poff（1992）对 Resh 等（1988）的观点提出异议，认为干扰根据定义是不可预测的，这表明应根据具体的生态响应来定义物理干扰，其可能是可预测的，也可能是不可预测的。生态流量评估的问题是在不显著影响河流未来状态的情况下，可以牺牲多少自然干扰，河流生物群落可以容忍多少人为干扰。

1.2.4　生境的维护将确保物种的可持续性

Southwood（1978）创造了"生境模板"这一短语，其中生物体的生命史被视为由自然选择来塑造。他认为，对生境的理解为生态研究提供了一个合适的开端。对于南非的大多数生态流量研究，粗略的生境研究是了解生物体需求的开始，而且往往一直延续到结束。即使在这个问题上，也没有足够的时间和资金来了解所有物种，甚至是选定的关键物种的生境要求。相反地，作为理论发展过程中的一项临时措施，目标必须是维护物理栖息地，特别是水力栖息地，并假设措施将维护生物群落（King 和 Tharme，1994）。

在讨论生态流量方法的发展和应用，特别是河道内流量增量法（the instream flow incremental methodology，IFIM）时，Orth（1987）得出结论，自然生境的可用性不是限制鱼类种群的唯一因素，因此微生境指数不会成为鱼群密度的预测因子。Gore 和 Nestler（1988）同意这一观点，但指出 IFIM 的主要目的是用流量变化预测可用生境的变化，而不是模拟生态相互作用。他们还提出这样的观点，即在 IFIM 等方法中包含生物相互作用所获得的额外预测能力将是非常重要的，并且在大多数生态流量研究的背景下不需要这种补充。也许是这样，但是充分了解生物种群利用不同生境的情况是判断与流量相关的生境减少的先决条件。

当然，河流物种生命周期的成功完成不仅仅取决于水力栖息地的可用性。此外，对栖息地的描述也需要考虑到每个物种的不同要求、它们的连续生命历史阶段，以及维持其食物物种生境的需要。许多生态流量方法承认其他物理和化学控制的重要性，例如温度和水化学，但常常认为这些控制因子至少部分地与流域位置和管理相关联，因此不在流量调控范围内。全面维护河流生态健康显然需要流域管理计划和流量管理计划。

显然，即使提供理想的流量也不能维持受污染河流中的自然群落，但这并不排除为河流保留特定流量的必要性。通过这样做，如果能消除污染源，则有可能改善河流健康状态。

1.2.5 河流群落特别是半干旱地区的群落是由非生物过程而不是生物过程驱动的

生态流量方法主要涉及河流生态系统的一个组成部分，即河流的水文情势，从而反映了其在保护河流生态系统方面的重要性。然而，其他非生物力和生物相互作用在决定生态系统性质方面的重要性有多广泛？Hildrew 和 Giller（1994）通过回顾得出结论：非生物过程是河流生物群落的主要决定因素。他们表示："溪流生态学家认为，溪流生物群落的时间变化纯粹是物理化学干扰的结果……这可能是绝大多数情况，然而研究人员应该意识到确定性的生物相互作用会产生高度不稳定甚至混乱的结果"。相关研究人员指出在河流中引入外来物种是河流不稳定的诱因。这些是相关的例证，但不影响流量评估目的假设的有效性，即水文情势是控制河流中生物群落特征的最重要因素。例如，引种的鲤鱼在受管控的河段是成功的殖民者，例如南非的维尔河，但流量调节无疑为它们的成功移居创造了条件。

在较小的尺度上，流量控制已经被证明是调节生物相互作用的水力条件。Hildrew 和 Giller（1994）研究了不同流速条件下食肉性的真涡虫和黑蝇幼虫之间的相互关系，结果表明流速影响了它们的遭遇率和捕食者的捕猎能力。

长期以来一直有着这样一种观点，即溪流生物的分布在很大程度上可以用它们对特定水力条件的偏好来解释（Statzner 等，1988）。Statzner 和 Borchardt（1994）研究表明剪切应力解释了蜉蝣及其捕食者的生态反应中"远超过 50％的变异性"。然而，他们指出生物因素也很重要。掠食性物种种群密集的情况，可以改变其猎物的斑块分布，而不是只由流量参数来决定。尽管 Petersen 和 Sangfors（1991）提出了不同的观点，但他们的总体结论仍然与 Statzner 和 Higler（1986）的结论相同："河流水力学是决定溪流底栖动物分区的最重要因素"。

除了流量之外，还有明显的非生物因素，它们一旦发生变化，就会成为河流生物群的主要影响因素。这些因素包括水化学变量、温度和沉积物负荷。目前，通常无法充分详细地预测这些因素将如何随着流量的变化而变化，或者这些变化将如何影响河流生物群落。例如，流量减少将不可避免地影响水质，特别是如果在取水点下游存在质量差的水源。显然，利用稀缺的水资源增加流量以改善水质是不明智的，更好的解决方法是处理污染源。使用生态流量方法需要了解影响生物群落的不同因素及其影响的原因。然而，这并不能推翻这样一种假设，即人为改变的水文情势应该能够在某种预先设想的条件下维护生物群，前提是其他影响因素能够得到有效控制。

1.3　生态流量评估方法

目前，有关生态流量的计算方法主要分为：水文法、水力法、栖息地模拟法、整体法几类。水文法专注于流量本身，并假设河流生物将依赖该流量生存，其中最著名的为Tennant 法。例如，张泽聪等（2013）利用以中位数代替平均数计算多年平均流量的改进Tennant 法计算大凌河生态基流，结果表明改进的 Tennant 法与实际情况更为接近。水力法专注于探索河流宽度、深度或水流速度随流量变化而变化的速率，并使用这些曲线中的拐点作为标准。栖息地模拟法通常根据深度、速度和基质大小或覆盖度来估算栖息地斑块的生境值，并将其作为流量的函数。通过对每个模拟流量处的斑块求和，将会产生加权可利用面积（WUA）-流量曲线。其中，PHABSIM 是迄今为止最著名和使用最广泛的模型（Souchon 等，2008），PHABSIM 已在世界各地应用于许多情况，以评估鱼类的栖息地、鱼类、无脊椎动物，甚至是浅滩栖息的肉鸭（Kondolf 等，2000）。整体法也涉及水文情势，但不考虑统计，而是考虑被认为具有重要生态功能的部分年度水文图。在整体法中，用重要或关键的流量事件来识别河流生态系统的部分或全部主要组成部分或属性，选择标准定义"流量变异性"（Tharme，2003）。例如，Yarnell 等（2015）提出的"功能流量"方法便是其中一种新的方法。这种方法是为加利福尼亚州地区的地中海气候开发的，其基础是由年度水文图的四个特征提供的独特的地貌或生态功能：湿季引发流量、峰值流量、春季衰退流量和干旱季节低流量。

水文法和水力法具有指标明确、应用简单等特点，但难以确定生态流量与保护目标的生态响应关系，栖息地模拟法虽然能确定生态流量与保护目标的关系，但其仅针对特定物种；整体法能较全面地考虑整个生态系统的用水需求，通过研究流量与水文、水力、生物等因素的响应关系，结合多种工具和方法可计算出生态流量。

1.4　生态流量评估所面临的问题

1.4.1　科学问题

1. 河流生态系统是动态的、开放的

King 等在加州大学戴维斯分校的生态流量评估小型研讨会上得出结论"目前还没有科学上可靠的方法来定义保护特定鱼类或水生生态系统所需的河道内流量"（Castleberry 等，1996）。尽管过去几十年来在分析和统计方法方面取得了重大进展，但 King 等（2002）仍然认为在适应性管理的背景下实施生态流量评估是比较合适的。科学家们对能量和物质的本质、宇宙的演化、原子的结构、分子的性质、细胞的结构和活动、物种的起源、生物体之间的进化关系以及更多的关系有着非常好的理解。那么，为什么评估从河流中取出的一些水，或者改变水从河流中流下来的时间或温度这么难？

这一问题主要是因为：生态系统是开放的、动态的系统，是在不断变化的状态下，通常没有长期稳定性，并且受到一系列人类和其他因素的影响，通常是随机的因素，许多源于生态系统本身之外（Mangel 等，1996）。出于这样的原因，Healey（1998）认为诸如"在不危及其生态完整性的情况下，河流的水文能被改变多少？"这样的问题是跨学科的，Weinberg（1972）表明跨学科问题可以用科学的语言来表达，但不能通过传统的科学手段来回答。Harris 和 Heathwaite（2012）以及 Boyd（2012）也表达了类似的观点："在可预见的未来，即使是最好的生态系统模型也无法准确预测河流生态系统的动态变化——甚至是这些生态系统的组成部分。"

对加利福尼亚州北部南叉鳗河的长期研究（案例）说明了这些观点。虽然高度可预测的季节性流量是构成该河流食物网的主要因素，但高流量事件的时间和幅度逐年变化，导致食物网结构产生基本变化以及高流量对河床移动的响应；出于实际目的，响应的预测只能是概率性的，而不是确定性的。

另一个案例是，阿拉斯加布里斯托尔湾中有价值较高和管理良好的红鲑鱼渔业，尽管除气候变化外，该海湾处的产卵场和饵料场几乎没有人为干扰，但不同地区对捕捞的相对贡献随着时间的推移变化很大，如 Hilborn 等（2003）所述：布里斯托尔湾红鲑鱼的稳定性和可持续性受到 20 个世纪不同时期不同种群的极大影响。事实上，在 20 世纪 50 年代和 60 年代没有任何渔业工作者可以想象，依杰吉克河将在 1 年内生产超过 2000 万条鱼，他们也不能想象就像过去 4 年一样努沙加卡河会产生比克维查克河更多的鱼。看起来布里斯托尔湾红鲑鱼的恢复很大程度上归功于维持所有不同的生活史策略和该水库的地理位置。不同的时期、不同的地理区域和不同的生活史策略一直是主要的影响因素。如果早期的管理人员决定将管理重点放在当时最高产量的运行上而忽略了低产量的运行，那么后来被证明为重要的生物复杂性可能会丢失。Hilborn 等（2003）正在考虑渔业管理，但同样的观点将适用于管理这些地区的淡水栖息地；在这个未受干扰的栖息地中，生产力发生了重大的地理变化，没有人知道为什么。

案例 高流量对河流生态系统的可变效应

在加利福尼亚州沿海地区进行的 18 年实地观察和 5 次夏季实地实验表明，水文状况影响了藻类的大量繁殖以及鱼类与藻类、蓝细菌、无脊椎动物和小型脊椎动物的相互作用。在这种地中海气候下，多雨的冬季比有利于生物活性的低流量夏季更重要。*Cladophora glomerata* 是一种在夏季主导生产生物量的丝状绿藻，在晚春或初夏达到生物量峰值。如果前一个冬季的洪水达到或超过"漫滩流量"（足以调动大部分河床，估计为 $120\mathrm{m}^3/\mathrm{s}$），则 *Cladophora* 繁殖量较大。十二个夏季中有九个在大型冲刷洪水之前，附着的 *Cladophora* 生物量的平均峰值高度等于或超过 50cm。在六年内的五年中，流量低于漫滩流量，*Cladophora* 生物量在较低水平达到顶峰。洪水对藻类的影响部分是通过对食物网中消费者的影响来调节的。在冬季洪水冲刷的三个实验中，幼虹鳟（*Oncorhynchus mykiss*）和斜齿鳊（*Hesperoleucus venustus*）抑制某些昆虫和鱼苗，从而影响藻类的持久性或自然增长。在洪水过后的两年中，这些食草动物更容易受到小型食肉动物（如蜻蜓和鱼）的攻击，因此，丰富的食草动物对藻类产生了不利影响。在之后的一年中，所有能够抑制藻类的封闭式食草动物都被虹鳟消耗掉了，由此对藻类产生了积极的影响。在干旱年代，当没有出现可以冲刷河床的冬季流量时，大型装甲毛翅蝇（*Di - cosmoecus gilvipes*）在随后的夏季生物量更加丰富。在干旱年份的实验中，放养的鱼类对藻类作物的影响很小或没有影响。洪水通过冲刷作用抑制食草动物的生长，为鱼类对河网中藻类的影响奠定了基础。这些影响是积极的还是消极的，取决于在夏季占主导地位的初级消费者的捕食者具有的特点（Power等，2008）。

2. 鱼类处于不断进化的过程

研究人员习惯将进化视为一个缓慢的过程，但情况并非总是如此。Stearns 和 Hendry（2004）写道："在过去的 25 年中，进化生物学的一次重大转变是由于人们认识到，当含有充足遗传变异的种群遇到强烈选择时，进化将变得迅速。"现在人们已经很清楚通常在生态流量评估考虑的时间范围内，种群可以发生显著的进化，鱼类种群可能以意想不到的方式对环境的变化做出反应。例如，在加利福尼亚的几条河流中，水库释放较低水位的冷水从而形成了适合大型鳟鱼生长的栖息地。这些河流中的虹鳟数量表明该类物种已成功定居于此（Williams，2006）。当减少水坝上方栖息地中养殖场的损失时，鲑鱼在养殖场的繁殖能力会提高，然而它们在河流中繁殖的适应性会降低（Myers等，2004；Araki等，2007；Christie等，2014）；重要的驯化可以在一代中发生（Christie等，2016）。如果养殖鱼与大坝下方河流中的天然产卵鱼混合，大坝下方可以由特定水文情势支持的自然产卵鱼群将随着适应性的下降而减少。

3. 河流形态一直在发生变化

冲积河流或部分冲积河流都形成了自然的河道。任何能够显著改变河流中流量或沉积物输移的物体，如新坝，都会引起河道尺寸和形态的调整，从而改变物理栖息地，进而影响基于项目建成前栖息地的评估。

4. 气候变化

气候长期记录和古气候数据表明，气候在数十年乃至数百年间一直存在变化，现在温室气体排放正在推动气候快速变化。降雨也变得多且不易预测，不同的地区呈现出不同的变化趋势。因此，可用于消费的水量和时间分布将改变，水的温度也将改变。在方法论中，气候变化混淆了分析方法，这些方法假设流量数据的统计特性是静态的，即不随时间变化（Milly等，2008）。预测任何特定地点的气候变化比预测全球变化更难（Deser等，2012），因此气候的不确定性将大大增加生态流量评估中面临的不确定性。

即使没有人类的重大影响，气候和流量状况也会随着时间的推移而发生很大变化，特别是在干旱和半干旱地区。加利福尼亚州中部阿罗约塞科河的 80 年平均流量如图 1-1 所示。因此，时间周期也可能会对原本可用于分析的特定时期的记录产生重大影响（Williams，2017）。

5. 种群变化

鱼类和其他水生生物的种群在时间和空间上的变化可能很大（Dauwalter等，2009），即使在稳定的河流环境中也是如此（Elliott，

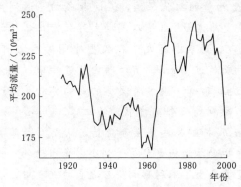

图 1-1　加利福尼亚州中部阿罗约塞科河
的 80 年的平均流量（Williams，2017）

1994）。这使得确定流量变化对物种生物量变化趋势是有利的还是有害的变得很难（Korman 和 Higgins，1997；Williams 等，1999）。对于溯河产卵的鱼类尤其如此，其种群可能受到每年不同海洋条件的强烈影响（Lindley 等，2009）。在较短的河流内，鱼的丰富度可能会在几天内发生巨大的变化（Belanger 和 Rodriguez，2002），因此基于鱼类密度的栖息地质量评估可能不稳定。

6. 栖息地的选择是有条件的

生态流量评估通常基于以下假设：提供给鱼类更多种类型的栖息地将增加鱼类的数量。从生物学角度来看，评估需要选择合适的空间尺度，并且需要认识到栖息地选择是有条件的，换句话说，鱼只能选择它们可以获得的栖息地，选择精细空间尺度的栖息地会受到许多因素的影响，包括栖息地空间尺度的精细程度、种群密度、竞争、季节、水温、云层覆盖以及流量等。还需要考虑特定大小的种群需要多少特定类型的栖息地，并认识到其他因素是否能够决定丰富度。通常，栖息地通过影响鱼类的出生、死亡、生长和迁徙来影响鱼类种群。

7. 空间和时间尺度对栖息地选择也产生较大影响

不同资源对生境变化的响应时间不同，这使生态流量评估变得复杂。生物群落可能需要几十年的时间来对管理行为做出可检测的反应，否则反应可能会随着时间而变化。例如，萨克拉门托河春季鲑鱼的种群数量最初在沙斯塔大坝建造后增加，但后来逐渐减少（Williams，2006），可能是由于秋季鲑鱼杂交引起的。对于在其生命周期中使用不同栖息地的鱼类来说，这个问题尤为严重，因为只有一些栖息地受到这些行为的影响。

即使调查涉及物理栖息地，响应时间仍可能存在问题。从长远来看，短期内破坏栖息地的冲刷洪水等事件可能会形成其他栖息地，例如深水潭等。任何能够显著改变河流中沉积物输移的物质，例如阻挡沉积物运输或改变流量的新大坝，都会引起河道大小和地貌形态的改变，从而改变物理栖息地。

空间尺度也很重要，例如在栖息地选择的评估中（Cooper 等，1998；Welsh 和 Perry，1998；Tullos 等，2016），在小空间尺度上有利于栖息地选择的因素可能在大空间尺度上有截然不同的效果（Fausch 等，2002；Durance 等，2006；Bouchard 和 Boisclair，2008）。生物体拥有更大的复杂性，它可以在多种尺度上选择栖息地。在一项经典的观察性研究中，Bachman（1984）写道：53 只野生褐鳟的平均活动范围是 $15.6m^2$，通常，褐鳟的觅食地点位于淹没的岩石前，或者在岩石向下倾斜的后表面上，在这里褐鳟可以看到即将到来的漂浮物。在这些觅食地点每天可以观察到较多数量的褐鳟鱼，并且连续三年在具有类似性质的觅食地点观察到鱼类也是很正常的现象。

因此，鳟鱼可以将栖息地选择在靠近岩石数厘米范围内，也可以是靠近漂浮物数米范围内，还可以是靠近产卵场数十米范围内；进一步的研究表明：褐鳟还能将栖息地选在产卵场数百或数千米的范围内。

1.4.2 社会问题

与生态系统一样，社会也不是稳定的均衡系统；与环境法律和法规一样，社会态度和目标也在不断发展，相对于主要水资源开发项目的持续时间而言，这种演变是迅速的。20

世纪 60 年代环境问题的复苏，为美国现行的大部分环境法奠定了基础，例如《清洁水法》《濒危物种法》和《国家环境政策法》。环境问题也影响了司法判决，例如，1971 年关于托马莱斯湾的潮汐地区范围的确立，加州最高法院在做出最终决定时，不仅仅靠抽象的法律推理，还包含了当时的政治和公众需要，考虑到要为鸟类和海洋生物提供环境以及科学研究。

位于加利福尼亚州帕幽塔小溪的蒙蒂塞洛大坝原来的下泄流量不仅可以满足鳟鱼渔场，还能满足当地水库的娱乐用途，一直以来被认为符合该项目产生的环境义务。然而，随着时间的推移，以前被视为"废鱼"的本地鱼类受到重视，因此人们修订了下泄流量以保护它们（Moyle 等，1998）。

其他地方也发生了类似的变化，尽管变化的性质和速度因国家和地区而异。例如，在纳尔逊·曼德拉和平结束种族隔离之后，南非在经济时期生态流量评估的相关法律和方法取得了进展。由于半干旱条件使物理栖息地模拟系统（PHABSIM）等方法不再适用于该地区，南非科学家与澳大利亚的科学家一起开发了整体法（Arthington 等，1992a）。这些方法应用于澳大利亚，Millennium Drought 强调当墨累-达令（Murray - Darling）流域多州规划需要时，水的使用性质发生了重大变化，需要将水的分配从消费用途转移到环境中（Skinner 和 Langford，2013）。

1. 科学和争论决议

生态流量评估几乎总是发生在用水争议的背景下，这些争议的解决将涉及权衡和平衡，并需要经常进行谈判。出于这个原因，关于使用河道内流量增加法（Bovee 等，1998）的主要出版物广泛涉及谈判和解决争议。虽然人们认识到有效的谈判和解决争议是保护生态流量的关键方面，但是，同样重要的是认识到科学和争论决议是不同方向的努力，有不同解决问题的规则。

一般来说，科学通过测试数据的假设或模型来解决问题。一方面，这样做的程序可能会得到普遍认同，但它们总是受到批评，总是可以提出替代方案，并且根据新的证据得出结论，因此，结论也总是会发生变化。另一方面，在法律或政治纠纷中，问题也可以通过同意答复的各方来解决，而在法律纠纷中，这个答案可能是最终的，至少对于有关各方而言，无论可能出现何种新证据。例如，水争议中的各方可能会同意将有关河流的一部分进行研究的结果视为整体的代表。但这在科学上是行不通的。科学和争论决议都在生态流量评估中起着重要作用，但必须将它们分开。

在监管领域，争议应该得到解决，并需要在合理的时间内做出决定。这在科学与争论决议之间产生了"紧张关系"。适应性管理可以被视为一种减少这种紧张关系的方法，但不会消除它。

2. 水是有价值的

由于水是有价值的，因此环境和其他用途之间的分配争议往往很激烈。如果争议一方的顾问或代理人员看到他们的工作仅仅是为了维护他们的客户或雇主的利益，那么另一方的顾问和工作人员别无选择，只能这样做，从而导致双方争论不休。类似的东西就像社会动物一样，争议中的人倾向于将自己的一方看作是正确的，并接受他们自己一方的意见是正确的，而另一方的意见是可疑的、不正确的。在这种情况下很难进行冷静的评估。

3. 不可能完成的需求

正如 Healey（1998）所说，人们对鱼类和河流生态系统了解得非常多。研究人员有很多背景知识和分析工具来考虑生态流量评估。然而，问题在于，如果没有明确的思考，研究人员就无法做好生态流量评估，而具备清晰的思维既困难又必不可少。因此，研究人员应该尽其所能，明确研究人员做了什么、不做什么以及为什么这么做，并尝试在一个适应性框架中工作，这将使得管理随着新信息和理解的变化而变得可用。

第 2 章 结构单元法介绍

2.1 结构单元法的起源

BBM 起源于南非两个主要的生态流量评估专业研讨会，其中部分研讨会开始以"开普镇"和"萨库扎"的方式开展（King 和 O'Keeffe，1989；Bruwer，1991），同时在澳大利亚发展并形成了一种方法的联合描述（Arthington 等，1992），当时称为澳大利亚的"整体法"，现在扩展到更具包容性的整体法。在应用该方法期间，南非进行了进一步的单独开发，这些南非的开发工作者最终将其命名为 BBM，这个名称也得到了广泛认可。这些研讨会旨在对目标河流水资源开发的环境流量管理（EFR）进行相对快速的初步估算，主要由南非水务和林业部（Department of Water Affairs and Forestry，DWAF）的环境研究分局（Tharme 和 King，1998）召集，并涉及许多国家最有经验的河流科学家。

1991—1996 年，人们为南非和澳大利亚多条河流举办了 BBM 研讨会，例如萨比河、图盖拉河、洛根河等。虽然自那以后出现了更多的 BBM 应用，但这些早期应用产生了 BBM 中包含的流量评估方法的基本性质。除了洛根河之外，所有这些研讨会的准备文件和记录的信息文件都可以从 DWAF 获得。洛根河研讨会的文件可以从澳大利亚昆士兰州的格里菲斯大学的流域与河流研究中心获得。

2.2 结构单元法的内涵和意义

结构单元法，又称为构建块法、积木法，英文名称为"Building Block Methodology"，其中"Block"可理解为"块"或"单元"，是由南非和澳大利亚联合开发的用于评估生态流量的自下而上的整体法，主要关注各个目标和过程的综合实现（King，2016）。首先对河流面临的主要问题进行分析，然后为不同的目标确定不同的生态流量指标，最后将各部门的生态流量进行综合，构建整个生态系统的生态流量。结构单元法主要分为三个阶段，即研讨会前、研讨会期间、研讨会后（King，1998）。首先在研讨会前各学科的专家通过一系列结构化的活动来收集最佳的可用资料；然后，在研讨会上专家对这些资料进行解释、讨论，最终就推荐的生态流量达成共识；最后，形成推荐的流量方案并提供相应的监测方案（King，2008）。

结构单元法的核心思想就是依照科学基础和实际需要将整个研究区域的研究对象和影响因素准确划分为一个个"块"，然后探寻各个不同影响因素的"块"与每一个研究对象之间的关系，最后对整个研究区域拟定一个合理的生态流量方案（King，2008）。因此，想要更好地运用该方法，就必须要准确地理解"块"的含义。研究人员可以将这些"块"定义为对水质和水量具有不同需求的各个单位，也可以定义为某一物种的不同生命阶段或某一需水单位的不同水文时期，还可以是不同的影响因素。例如，挪威的叙尔达尔河在应用 BBM 设定生态流量时，首先将一些主要关注的生物因素划分为不同的"块"（Alfredsen K，2012），分别包括鲑鱼迁移期、鲑鱼产卵期、幼鱼上游期、成鱼生长期、产卵和养殖生境质量、水生植物的组成和生物量等；接着，在考虑一些外在因素对每个研究对象的影响作用时，又将不同的影响因素划分为不同的"块"，主要包括气候条件、水文条件、水质条件、水力条件等；最后，探寻出各个不同影响因素的"块"与每一个研究对象之间的关系，在此基础上根据这些关系拟定合适的生态流量方案。

在该方法的使用过程中，应做出以下的理论假设：

（1）与河流相联系的生物群可以应对经常在河流中自然发生的低流量条件，并且可能依赖于在某些时间内在河流中自然发生的较高的流量条件。这种假设反映了这样一种思想：一方面，流量是特定河流的正常特征，无论它们有多么极端、多变或不可预测，都是该河流的物种所适应和依赖的河流特征。另一方面，不具有该河流特征的流量将对河流生态系统构成非典型干扰，并可能从根本上改变其特征。

（2）确定自然水文情势中最重要的组成部分，并将其纳入改良水文情势的一部分，这将有助于维持河流的自然生物群和自然功能。

（3）某些流量相比于其他因素能更多地影响河道地貌。鉴定这些流量并将其纳入改良的水文情势将有助于维持自然河道结构和物理生物群落的多样性。

总的来说，纳入改良水文情势的流量将构成河流的生态流量管理。由于已经为每个流量组件输入了最小可接受值，因此生态流量管理在空间和时间上描述的最小水量将有助于河流维持在某个预先定义的理想状态。

确定建议的流量，并在 BBM 研讨会中确定其大小、时间和持续时间。首先，研究的重点在河流自然水文情势的特征上。其中最重要的通常是：年平均流量历时曲线；枯水期和丰水期的基流量；雨季洪水的大小、时间和持续时间；在枯水期发生的较高流量的脉冲或最新的脉冲。然后注意哪些流量特征被认为对维持或实现河流的预期未来状况最为重要，因而在河流水资源开发过程中不应消除。每个流量单元的描述部分被认为是创建 EFR 的构建单元，每个单元都包括在内，因为它具有必要的生态或地貌功能（图 2-1）。

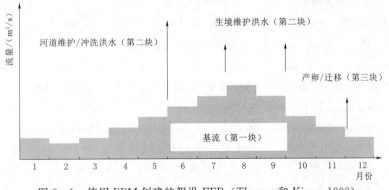

图 2-1　使用 BBM 创建的假设 EFR（Tharme 和 King，1998）

第一个构造块或低流量（基流）组件定义了河流所需的多年性或非多年生性，以及干湿季节的时间。

2.3 结构单元法的活动顺序

BBM 的工作步骤主要分为三个部分：研讨会前收集基础资料；研讨会期间各学科专家对自己收集的资料进行相应的解释、讨论，最终就推荐的生态流量达成共识；研讨会后生成流量修改的方案，并制定监测计划。

2.3.1 研讨会前工作准备

遵循一系列结构化的活动来收集有关河流的最佳可用信息，供研讨会参与者参考。通过 BBM 讨论会议和后续活动，在讨论会议开始前的早期阶段就需要开展协调活动。本书第 2 篇详细阐述了由该领域的高级专家处理的各项主题。下面概述了研讨会前专家需要做的主要活动。

1. 任命一名研讨会协调员

任命一位对 BBM 流程以及河流生态系统功能熟悉的人为协调员，他的首要任务是评估目标河流的性质、拟议的水资源开发、关于河流的现有文献以及可能存在的关键问题。在整个 BBM 流程中，他主要负责协调各位专家的工作，处理好后勤工作以及向客户汇报最新工作进展。协调员的首要任务是调查目标河流的基本性质（包括河流系统长度、地貌特征等）、拟议的水资源开发、关于河流的现有文献以及可能存在的关键问题，这些调查信息将指导后续研究范围的确立。协调员还应统筹规划各专家团队之间的研究工作和信息交流。

2. 调查受开发影响区域现有的生境完整性

需要调查了解的信息包括：就河流动植物和河岸栖息地而言，河流的现状是什么？在低流量条件下，通过（无人机）沿河进行低空航空测量，采用 Kleynhans（1996）所描述的方法分析飞行期间拍摄的视频，主要分析河流和河岸栖息地的完整性。分析时，应将河流按照每 5km 进行划分。河流地貌学家也应分析视频，从而识别和描述类似的河段。在规划会议上使用这两组结果来了解河流的性质及其现状，并帮助确定沿河的代表性河段和站点，这是 BBM 研讨活动的重点工作。

3. 初步划定研究区域

完成前期基础调查后，召开规划会议。在这次会议期间，应该讨论以下问题：哪一条河流将直接受到拟议开发项目的流量调控的影响，应该在研讨会上进行处理？哪些区域和位置的组合可以代表研究区域内的河流？研究人员目前对研究区内河流生态系统的性质了解程度如何？讨论之后，结合航拍视频评估河流性质，并根据不同的研究目的（例如，为了拟议的水资源开发、为了确定河流的基线流量要求、为了区域规划等）划定研究区域，并初步确定代表性的河段和站点，然后由各专家提供意见确定最终的研究区域。已确定的研究区域应在图表上进行描绘，以供整个研究过程使用。

4. 确定研究区域内具有代表性的河段和站点

BBM 站点将成为专门为研讨会收集、创建和分析所需的新数据的重点（在某种程度上了解河流部分的生物、化学、水文和地貌纵向分带以及其他特殊属性，从而判断是否需要对其生态流量管理目标进行单独评估、这些评估应在河段内的哪些站点使用）。此活动在规划会议上开展，并在会后直接完成实地考察。每个选定的站点都应具有针对生态流量管理的描述。鱼类、河岸和无脊椎动物生态学家、地貌学家、水力模型专家、调查小组和BBM专家至少应参与站点和具有代表性横断面的选择。

5. 完成对研究区域的社会调查

需要明确农村社区或任何其他人群是否直接依赖河流生态系统的食物、饮用水、药品、建筑材料、放牧或文化和宗教活动而生存，在最初的评估过程中收集到这类知识有利于后期生态流量方案的确定。

6. 确定研究区域的重要性

确定研究区域在地方、区域、国家和国际层面的生态重要性（河流在经济、社会和生态方面有多重要？）。评估主要基于现有信息和专家知识。

7. 研究区域河流生态管理级别的确定

未来河道应该保持在什么样的环境条件下？生态管理级别的确定是通过社会顾问和一系列相关机构的非正式讨论来实现的，包括生态环保部门、水利部门以及自然保护机构。目标是确定一个真实的生态管理级别，它可能比现在更接近或更远离河流的原始状态，也可能大致相同。

8. 原始和现在的每日水文情势的描述

应了解选定地点不同时期的水文情势，包括丰水期、枯水期、平水期等，通过这些数据可以了解河流的自然状态和当前状态。必要时，这些流量数据可以是针对沿河的选定站点模拟得到的。这是专注于所选BBM站点的第一个专业研究，水文数据是研讨会上流量审议的基础，随后的流量建议与现有数据进行交叉检查，以确保所推荐的流量与实际情况相符合。

9. 每个站点河道横截面的测量和水力分析

需要调查清楚以下问题：每个站点的河道形状是什么？河流水力条件如何随着流量而变化？河道内的水位线变化情况？河流中存在哪些生物群并且这些生物群受到流量变化的影响是什么？可以通过水力模型得到河流水力条件与生物群落之间的水位—流量关系，以及其他与流量相关的数据。

10. 评估研究区域过去、现在和未来水化学需要量

考虑到河流的生态管理级别，从生态系统的角度和直接依赖于河流的人类角度来看，未来应该遵循什么化学标准？在之前的生态流量评估工作中，往往关注的只是水量问题，并没有关注水质。然而，BBM将改变这一现象，不仅关注流量大小还关注了水质问题，因此将增强这一组成部分的研究。

11. 在整个研究区域的选定站点完成生物调查

在研究时间内尽可能确定关键物种的物理和化学耐受范围，特定的流量相关要求和脆弱的生命周期阶段（研究区域的哪个区域在生物群方面是不同的，每个区域的特征生物群是什么？是否有任何特别重要的地点、物种或群落？系统中的关键物种是什么以及它们的基本流量相关要求是什么？）。河流生态系统的组成成分总是被报道为河岸

植被群落、水生无脊椎动物和鱼类。如果有的话，还可以包括对水生哺乳动物、爬行动物和两栖动物、水鸟和大型植物的投入。因此，该方法可以合并和使用河流上的任何相关信息。

2.3.2　研讨会中问题讨论

每个 BBM 研讨会都涉及参与第一部分方法的水资源管理者、工程师和河流科学家。BBM 经验丰富的主席和协调员指导参与者就河流的生态流量管理达成共识。研讨会包括四个主要活动。

第一部分：调查每个站点

访问现场时，每位专家从自身专业角度调查河流，并从相关部门获得研究站点的水文和水力数据。上述数据将在研讨会期间提供，专家们就各个站点中典型横截面的水位流量数据进行讨论。

实地考察是研讨会的一个重要部分，对每个站点进行实地考察，有助于团队成员对研究站点进行深入了解。访问所有研究站点时，每位专家应从自身专业角度调查河流，收集相关数据供研讨会期间讨论。需要在每个站点开展以下活动：

（1）讨论每个水力横截面的位置和性质，以及每个水力横截面所代表的物理栖息地。

（2）每位专家应指出站点研究中所需要的关注的重要特征，并讨论不同流量对它们的影响。

（3）记录水位，以计算实地考察期间发生的流量。

（4）如果水位与先前现场访问记录的水位差异很大，则测量流量，为水力模型提供额外的校准数据。

第二部分：信息交流

每位专家将前期调研信息制作成可视化、易理解的调研报告，以方便在研讨会期间向其他专家介绍，并通过提问的方式解决调研过程中存在的疑惑和不确定性。主要讨论以下内容：

（1）水文学研究：

1）河流过去和现在的水文特征。

2）利用现有数据和水文数值模型模拟未来的水文特征。

3）评估水文模型模拟得出的水文数据的置信水平。

4）河流的流量变化特征以及维护流量的预期保证水平。

（2）生态管理级别研究。在研讨会期间主要讨论以下问题：

1）现在的河流状态与自然状态相比，主要发生了哪些变化？

2）河流状况发生了哪些变化？以及变化的主要来源和原因是什么？

3）河流对当地的经济发展、人类生存的重要性如何？

4）是否有切实可行的方案或措施改变河流现状？以及如果不采取任何方案和措施，河流将如何变化？

结合各专家信息讨论情况以及利益相关者需求，填写表 2-1、表 2-2，以确定最终的生态管理级别。

表 2-1 河流生态现状统计表

生 态 现 状				
类 型		站点1—站点2	站点1—站点2	站点1—站点2
鱼类	等级			
	相关说明			
水生无脊椎动物	等级			
	相关说明			
河岸植被群落	等级			
	相关说明			
水质	等级			
	相关说明			
河道内栖息地完整性	等级			
	相关说明			
河岸栖息地完整性	等级			
	相关说明			

表 2-2 河流生态等级评估表

河 流 生 态 等 级				
类 型		站点1—站点2	站点2—站点3	站点3—站点4
生态价值	等级			
	相关说明			
社会价值	等级			
	相关说明			
经济价值	等级			
	相关说明			

（3）站点评估研究。研讨会期间专家根据已收集的资料，对所选择和研究的 BBM 站点进行评估，适当减少信息不全且难以调研的站点，详细研究筛选剩下的站点。其他具有相似特征的站点的生态流量需求可从详细研究的站点中外推得到，然后再使用站点现有信息对外推的生态流量需求做合理性、充分性检查。

如果不详细考虑所有研究站点，则应对它们进行全面评估，以确定哪些因素最可能产生高置信度的 EFR。为了进行评估，每个专家使用定制设计的评估表对每个站点进行评级（表 2-3）。评级不会被加和平均，但在选择综合评估的站点时会被用作一个组。准确的水力测量和高可信度的水力建模通常是选址的最重要因素，这是由于关于所需水力条件的高质量生态数据可以通过等效流量值不准确的水力信息来抵消。站点的地理位置也是一个考虑因素。

表 2-3　　　　　　　　　　站点生态流量需求合理性评估表

站点名称		生态流量需求组分						评级
		水文	水力	鱼类	水生无脊椎动物	水质	植物	
A	L							
	H							
B	L							
	H							
C	L							
	H							
...	...							...
N	L							
	H							

注　无为 0；低为 1；低中为 2；中为 3；中高为 4；高为 5；L—低流量；H—高流量。

第三部分：汇编生态流量要求

组建专家小组，每个小组至少包含来自每个相关学科的一名专家，并为每个小组分配一定数量的参与者，由 BBM 经验丰富的河流科学家提供协助。BBM 站点分配给组，然后每个组每次关注一个站点的生态流量要求。

每个站点生态流量需求的识别和描述都以特定的方式完成，应从低流量开始逐月确定所需的流量。对于每个月，除了水文学家和水力建模师之外，每个河流专家都需要针对他提出的最低流量和最高流量做出解释。

在整个过程中，水力建模师使用调查的横截面和各种水力关系图来解释所描述的流量在不同区域的含义。这些横截面剖面图和相关的水力关系图是生态学家和工程师之间的重要沟通渠道，将物种需求的流量以直观或形式化的知识转换为规划人员使用的流量值。

确定的流量详细信息逐一添加到流量统计表中，其中行代表流量，列代表日期，每个流量数据都需要包含：幅度、时间、频率和持续时间四个元素，并给出这样设置的理由。通常，每个设定的流量都应保持在自然水文图的范围内，因此生态流量需求是自然水文情势的框架。每个设定流量也被标识为对应月份流量历时曲线中的水量和百分数。这使得生物学家和其他人能够理解他们按照工程师常用的术语所要求的流量的含义。最后，生态流量需求中的低流量和高流量组分表示为多年平均流量的百分比和年径流量的中位数。

由于对 BBM 站点的 EFR 达成了共识，所要求的流量与站点的自然水位线需进行比较，以检查是否与实际情况相符合。

第四部分：确定最终的生态流量

最后一次会议主要完成以下活动：比较所有 EFR 站点的推荐流量方案，以检查所提议的内容是否存在严重不匹配情况。对研讨会上审议的各项备选方法进行陈述。确定下一步需要进行的工作，通常分为三类：解决严重不确定性所需的短期研究，以便在必要时可以改进 EFR；改善 BBM 所需的中期研究；对河流进行长期的基础研究。研讨会还会对各项活动进行事后审查，并且必要时会记录和讨论参与者希望提出的任何其他陈述。

2.3.3 研讨会后方案的确定

各学科（水文学、水力学、地貌形态学、生态学等）专家检查研讨会的报告，并选择合适的模型或方法来进行校准，以生成一个具体的实施方案。接着，专家应为建模人员提供生态流量要求的结果，建模人员以此评估生态流量需求是否可满足实际发展，若所建议的生态流量方案不可行，则需要建模人员和各专家通过改变各流量组件的大小、频率、持续时间等来编写合适的方案。水资源管理者运用合适的模型来解释河流生态系统中的自然流量和各种用水，并确定合适供水量。

最后，各专家针对自己的研究内容制定相应的监测计划。例如，对于河流截面水力学的监测分为两个阶段：首先建立基线条件，接着进行监测来了解基线条件的变化。对于河流地貌形态的监测要依据不同的问题设置不同的监测频率和方法，如需要了解推荐的流量是否达到与形态特征相关的要求，则需要在每个监测点设置记录器并连续监测。

参 考 文 献

[1] 陈昂，沈忱，吴森，等.中国河道内生态需水管理政策建议 [J].科技导报，2016，34 (22)：11.

[2] 陈昂，王鹏远，吴森，等.国外生态流量政策法规及启示 [J].华北水利水电大学学报（自然科学版），2017，38 (5)：49-53.

[3] 陈昂，吴森，黄茹，等.国际环境流量发展研究 [J].环境影响评价，2019，41 (1)：754-760.

[4] 陈敏建，丰华丽，王立群，等.适宜生态流量计算方法研究 [J].水科学进展，2007，18 (5)：745-750.

[5] 程俊翔，徐力刚，姜加虎.水文改变指标体系在生态水文研究中的应用综述 [J].水资源保护，2018，34 (6)：24-32.

[6] 丰华丽，夏军，占车生.生态环境需水研究现状和展望 [J].地理科学进展，2003，22 (6)：591-598.

[7] 葛金金，彭文启，张汶海，等.确定河道内适宜生态流量的几种水文学方法——以沙颍河周口段为例 [J].南水北调与水利科技，2019，17 (2)：75-80.

[8] 胡和平，刘登峰，田富强，等.基于生态流量过程线的水库生态调度方法研究 [J].水科学进展，2008，19 (3)：325-332.

[9] 刘晓燕，连煜，黄锦辉，等.黄河环境流研究 [J].科技导报，2008，26 (17)：7.

[10] 粟晓玲，康绍忠.生态需水的概念及其计算方法 [J].水科学进展，2003，14 (6)：740-744.

[11] 魏卿，薛联青，张敏，等.淮河流域环境流变化及其对洪泽湖鱼类栖息地的生态影响 [J].水资源保护，2019，35 (4)：89-94.

[12] 严登华，王浩，王芳，等.我国生态需水研究体系及关键研究命题初探 [J].水利学报，2007，38 (3)：267-273.

[13] 张泽聪，韩会玲，陈丽.基于改进的 Tennant 法的大凌河生态基流计算 [J].水电能源科学，2013，31 (9)：29-31.

[14] 钟华平，刘恒，耿雷华，等.河道内生态需水估算方法及其评述 [J].水科学进展，2006，17 (3)：430-434.

[15] ALFREDSEN K，HARBY A，LINNANSAARI T，et al. Development of An Inflow Controlled Environmental Flow Regime for a Norwegian River [J]. River Research & Applications，2012，28 (6)：731-739.

[16] ANDREW，STURMAN. The Atmosphere and Weather of Southern Africa [J]. New Zealand Geographer，1991，47 (2)：90-91.

[17] ARAKI H，COOPER B，BLOUIN M S. Genetic Effects of Captive Breeding Cause a Rapid，Cumulative Fitness Decline in the Wild [J]. Science，2007，318 (5847)：100-103.

[18] ARTHINGTON A H，ANIK B，BUNN S E，et al. The Brisbane Declaration and Global Action Agenda on Environmental Flows (2018) [J]. Frontiers in Environmental Science，2018，6：45-52.

[19] ARTHINGTON A，KING J，O'KEEFE J，et al. Development of an holistic approach for assessing environmental flow requirements for riverine ecosy [C]. Proceedings of an International Seminar and Workshop on Water Allocation for the Environment，1992.

[20] BACHMAN R A. Foraging Behavior of Free-Ranging Wild and Hatchery Brown Trout in a Stream [J]. Transactions of the American Fisheries Society，1984，113 (1)：1-32.

[21] BELANGER G，RODRIGUEZ M A. Local movement as a measure of habitat quality in stream sal-

monids [J]. Environmental Biology of Fishes, 2002, 64: 155 – 164.

[22] BOUCHARD, JUDITH, BOISCLAIR, et al. The relative importance of local, lateral, and longitudinal variables on the development of habitat quality models for a river [J]. Canadian Journal of Fisheries & Aquatic Sciences, 2008, 65 (1): 61 – 73.

[23] BOULTON A J, FINDLAY S, MARMONIER P, et al. The functional significance of the hyporheic zone in streams and rivers [J]. Annual Review of Ecology and Systematics, 1998, 29: 59 – 81.

[24] BOVEE K D. Stream habitat analysis using the instream flow incremental methodology [J]. Biological Resources Division Information and Technology Reports, 1982, 2: 19 – 28.

[25] BOYD I L. The Art of Ecological Modeling [J]. Science, 2012, 337 (6092): 306 – 307.

[26] BRIAN, RICHTER, JEFFREY, et al. How much water does a river need? [J]. Freshwater Biology, 1997, 37 (11): 231 – 249.

[27] BRUWER C. Flow Requirements of Kruger National Park Rivers [J]. Department of Water Affairs and Forestry Technical Report, 1991 (149): 14 – 19.

[28] CASTLEBERRY D T, JR J, ERMAN D C, et al. Uncertainty and instream flow standards [J]. Fisheries, 1996, 21 (8): 20 – 21.

[29] CHEN A, WU M, CHEN K Q, et al. Main issues in environmental protection research and practice of water conservancy and hydropower projects in China [J]. Water Science and Engineering, 2017, 1: 26 – 37.

[30] CHRISTIE M R, FORD M J, BLOUIN M S. On the reproductive success of early – generation hatchery fish in the wild [J]. Evolutionary Applications, 2014, 7 (8): 883 – 896.

[31] CHRISTIE M R, MARINE M L, FOX S E, et al. A single generation of domestication heritably alters the expression of hundreds of genes [J]. Nature Communications, 2016, 7: 10676 – 10682.

[32] CHUTTER F M, HEATH. Relationships between Low Flows and the River Fauna in the Letaba River [J]. Water Research Commission report, 1993, 6: 79 – 86.

[33] COOPER S D, DIEHL S, KRATZ K, et al. Implications of scale for patterns and processes in stream ecology [J]. Australian Journal of Ecology, 2010, 23 (1): 27 – 40.

[34] DAUWALTER D C, RAHEL F J, GEROW K G. Temporal Variation in Trout Populations: Implications for Monitoring and Trend Detection [J]. Transactions of the American Fisheries Society, 2009, 138: 38 – 51.

[35] DESER C, KNUTTI R, SOLOMON S, et al. Communication of the role of natural variability in future North American climate [J]. Nature Climate Change, 2012, 2 (12): 775 – 779.

[36] DURANCE I, LEPICHON C, ORMEROD S J. Recognizing the importance of scale in the ecology and management of riverine fish [J]. River Research & Applications, 2010, 22 (10): 1143 – 1152.

[37] ELLIOTT J M. Quantitative Ecology and The Brown Trout [J]. Journal of Applied Ecology, 1994, 31 (4): 1006 – 1008.

[38] FAUSCH K D, TORGERSEN C E, BAXTER C V, et al. Landscapes to Riverscapes: Bridging the Gap between Research and Conservation of Stream Fishes [J]. Bioscience, 2002 (6): 483 – 498.

[39] GILLER P S, HILDREW A G, RAFFAELLI D G. Aquatic ecology: scale, pattern and process: the 34th Symposium of the British Ecological Society with the American Society of Limnology and Oceanography, University College, Cork 1992 [M]. Oxford: Blackwell Pulishing, 1994.

[40] GORE J A, NESTLER J M. Instream flow studies in perspective [J]. Regulated Rivers: Research

&. Management, 1988, 2 (2): 93 - 101.

[41] GREEN J. Inland Waters of Southern Africa: An Ecological Perspective [J]. Aquatic Botany, 1991, 42 (3): 294 - 295.

[42] HAHN G L, MADER T L, EIGENBERG R A. A global perspective on environmental flow assessment: emerging trends in the development and application of environmental flow methodologies for rivers [J]. River Research &. Applications, 2003, 19 (5): 397 - 441.

[43] HAO C F, HE L M, NIU C W, et al. A review of environmental flow assessment: Methodologies and application in the Qianhe River [J]. IOP Conference Series Earth and Environmental Science, 2016, 39: 1 - 7.

[44] HARRIS G P, HEATHWAITE A L. Why is achieving good ecological outcomes in rivers so difficult? [J]. Freshwater Biology, 2012, 57: 91 - 107.

[45] HEALEY M C. Paradigms, policies, and prognostications about the management of watershed ecosystems [J]. In River Ecology and Management: Lessons from Pacific Coastal Ecosystems, 1998, 26 (3): 642 - 661.

[46] HILBORN R, QUINN T P, SCHINDLER D E, et al. Biocomplexity and fisheries sustainability [J]. Proceedings of the National Academy of Sciences, 2003, 100: 6564 - 6568.

[47] HILDREW A G, GILLER P S. Patchiness, species interactions and disturbance in the stream benthos [J]. Aquatic ecology: scale pattern and process, 1994, 2: 21 - 62.

[48] KING J M, OKEEFFE J H, POLLARD S, et al. Assessment of environmental water requirements for selected South African rivers: problems and possible approaches [J]. Water Research Commission Report, 1995, 12 (5): 58 - 66.

[49] KING J M, THARME R E. Assessment of the instream flow incremental methodology and initial development of alternative instream flow methodologies for South Africa [J]. Water Research Commission Report, 1944, 294: 590.

[50] KING J M, THARME R M, VILLIERS M. Environmental flow assessments for rivers: Manual for the Building Block MEthodology [M]. Cape Town: Water Research Commission, 2008.

[51] KING J M. Environmental Flows: Building Block Methodology [M]. Water Research Commission, 2016.

[52] KING J M. Instream flow assessments for regulated rivers in South Africa using the Building Block Methodology [J]. Aquatic Ecosystem Health and Management, 1998, 1 (2): 109 - 124.

[53] KING J, BROWN C, SABET H. A scenario - based holistic approach to environmental flow assessments for rivers [J]. River Research &. Applications, 2003, 19 (5 - 6): 619 - 639.

[54] KLEYNHANS C J. A qualitative procedure for the assessment of the habitat integrity status of the Luvuvhu River [J]. Journal of Aquatic Ecosystem Health, 1996, 5 (1): 41 - 54.

[55] KONDOLF G M, LARSEN E W, WILLIAMS J G. Measuring and modeling the hydraulic environment for assessing instream flows [J]. North American Journal of Fisheries Management, 2000, 20 (4): 1016 - 1028.

[56] KORMAN J, HIGGINS P S. Utility of escapement time series data for monitoring the response of salmon populations to habitat alteration [J]. Canadian Journal of Fisheries and Aquatic Sciences, 2011, 54 (9): 2058 - 2067.

[57] LEWIS A, HATFIELD T, CHILIBECK B, et al. Assessment methods for aquatic habitat and instream flow characteristics in support of applications to dam, divert, or extract water from streams in british columbia: final version [M]. Ottawa: Ministry of Water, Land and Air Protection, 2004.

［58］ LI Q，YU M，ZHAO J，et al. Impact of the Three Gorges reservoir operation on downstream eco-
logical water requirements ［J］. Hydrology Research，2012，43 (1/2)：48－53.

［59］ LINDLEY S T，GRIMES C B，MOHR M S，et al. Appendix A：Assessment of factors relative to
the status of the 2004 and 2005 broods of Sacramento River fall Chinook Contents ［C］. 2009.

［60］ MANGEL M，TALBOT L M，MEFFE G K，et al. Principles for the Conservation of Wild Living
Resources ［J］. Ecological Applications，1996，6 (2)：338－362.

［61］ MANGELSDORF J，SCHEURMANN D I K，WEI F H. Classification of Rivers ［M］. Berlin：
Springer－Verlag，1990.

［62］ MIAO WU，ANG CHEN；Practice on ecological flow and adaptive management of hydropower en-
gineering projects in China from 2001 to 2015 ［J］. Water Policy，2018 20 (2)：336－354.

［63］ MILLY P，BETANCOURT J，FALKENMARK M，et al. Stationarity Is Dead：Whither Water
Management? ［J］. Science，2008，319 (5863)：573－574.

［64］ MOYLE P B，MARCHETTI P，BALDRIDGE J，et al. Fish health and diversity：justifying flows
for a California stream ［J］. Fisheries，1998，23：6－15.

［65］ MYERS R A，LEVIN S A，LANDE R，et al. Hatcheries and endangered salmon ［J］. Science，
2004，303：1980—1985.

［66］ NIEMI G J，DEVORE P，DETENBECK N，et al. Overview of case studies on recovery of aquatic
systems from disturbance ［J］. Environmental Management，1990，14 (5)：571－587.

［67］ O'KEEFFE J H，UYS M. Invertebrate diversity in natural and modified perennial and temporary
flow regimes ［J］. Wetlands for the Future，1998，13：173－184.

［68］ O'KEEFFE J H，DE MOOR. Changes in the physico－chemistry and benthic invertebrates of the
great fish river，South Africa，following an interbasin transfer of water ［J］. Regulated Rivers：
Research & Management，1988，2：39－55.

［69］ O'KEEFFE J，DAVIES B. Conservation and management of the rivers of the Kruger National
Park：Suggested methods for calculating instream flow needs ［J］. Aquatic Conservation：Marine
and Freshwater Ecosystems，1991，1 (1)：55－71.

［70］ ORTH D J. Ecological considerations in the development and application of instream flow－habitat
models ［J］. Regulated Rivers：Research & Management，1987，1 (2)：171－181.

［71］ PALMER C G，O'KEEFFE J H. Feeding patterns of four macroinvertebrate taxa in the headwaters
of the Buffalo River，eastern Cape ［J］. Hydrobiologia，1992，228 (2)：157－173.

［72］ PETER K. Ecology of Fresh Waters. Brian Moss ［J］. The Quarterly Review of Biology，1981：
453－465.

［73］ PETTSC G E. Dryland Rivers：Their Ecology，Conservation and Management ［M］. Oxford：
Blackwell Publishing，2009.

［74］ PIENAAR U. Indications of progressive desiccation of the Transvaal Lowveld over the past 100
years，and implications for the water stabilization programme in the Kruger National Park ［J］.
Koedoe－African Protected Area Conservation and Science，1985，28 (1)：93－112.

［75］ POFF L R，WARD J V. Physical habitat template of lotic systems：Recovery in the context of his-
torical pattern of spatiotemporal heterogeneity ［J］. Environmental Management，1990，14 (5)：
629－645.

［76］ POFF N L，JULIE K H. Ecological responses to altered flow regimes：a literature review to inform
the science and management of environmental flows ［J］. Freshwater Biology，2010，55：
194－205.

［77］ POFF L N. Why disturbances can be predictable：a perspective on the definition of disturbance in streams [J]. J. N. Am. Benthol. Soc. 1992，11 (1)：86 - 92.

[78] POFF L N. Beyond the natural flow regime? Broadening the hydro - ecological foundation to meet environmental flows challenges in a non - stationary world [J]. Freshwater Biology，2017，63 (8)：356 - 364.

[79] RESH，V H，BROWN，A V，KOVICH，A P，et al. The role of disturbance in stream ecology [J]. J. N. Am. Benthol. Soc. 1988，7：433 - 455.

[80] SKINNER D，LANGFORD J. Legislating for Sustainable Basin Management：The story of Australia's Water Act (2007) [J]. Water Policy，2013，15 (6)：871 - 894.

[81] SOUCHON Y，SABATON C，DEIBEL R，et al. Detecting biological responses to flow management：missed opportunities; future directions [J]. River Research & Applications，2010，24 (5)：506 - 518.

[82] SOUTHWOOD RE T. Ecological Methods [M]. Oxford：Blackwell Publishing，1988.

[83] STANFORD J A，WARD J V. The Hyporheic habitat of river ecosystems [J]. Nature，1992，335：12 - 25.

[84] STATZNER B，BORCHARDT D. Longitudinal patterns and processes along streams：Modelling ecological responses to physical gradients [J]. Aquatic ecology：scale pattern and process. 1994，5：113 - 140.

[85] STATZNER B，GORE，J A，RESH V H. Hydraulic stream ecology：observed patterns and potential applications [J]. J. N. Am. Benthol. Soc. 1988，7：307 - 360.

[86] STATZNER B，HIGLER B. Stream hydraulics as a major determinant of benthic invertebrate zonation patterns [J]. Freshwater Biology，1986，16 (1)：127 - 139.

[87] STEARNS S C，HENDRY A P. The salmonid contribution to key issues in evolution [J]. 2004，12：3 - 19.

[88] SUEN J P，EHEART J W. Reservoir management to balance ecosystem and human needs：Incorporating the paradigm of the ecological flow regime [J]. Water Resources Research，2006，420 (3)：1 - 9.

[89] THARME R E. A global perspective on environmental flow assessment：emerging trends in the development and application of environmental flow methodologies for rivers [J]. River Research and Applications，2003，19 (5/6)：397 - 441.

[90] THEODOROPOULOS C，SKOULIKIDIS N，RUTSCHMANN P，et al. Ecosystem - based environmental flow assessment in a Greek regulated river with the use of 2D hydrodynamic habitat modelling [J]. River Research and Applications，2018，34 (6)：538 - 547.

[91] TOL J. Hydropedological classification of south african hillslopes [J]. Vadose Zone Journal，2013，12 (4)：4949 - 4960.

[92] TOWNSEND C R. The patch dynamics concept of stream community ecology [J]. J. N. Am. Benthol. Soc. ，1989，8：36 - 50.

[93] TOWNSEND C R，HILDREW A G. Species traits in relation to habitat template for streams：a patch dynamics approach [J]. Freshwater Biology，1994，31：265 - 276.

[94] TULLOS D，WALTER C，DUNHAM J. Does resolution of flow field observation influence apparent habitat use and energy expenditure in juvenile coho salmon? [J]. Water Resources Research，2016，52 (8)：5938 - 5950.

[95] WEEKS D C，O'KEEFFE J H，FOURIE A，et al. A pre - impoundment study of the Sabie - Sand river system，Mpumalanga with special reference to predicted impacts on the Kruger National Park [J] . Water Research Commission Report，1996，1：261 - 268.

［96］ WEINBERG A M. Science and trans – science [J]. Minerva，1972，10：209 – 222.

［97］ WELSH S A，PERRY S A. Influence of Spatial Scale on Estimates of Substrate Use by Benthic Darters [J]. North American Journal of Fisheries Management，1998，18（4）：954 – 959.

［98］ WILLIAMS J G，SPEED T P，FORREST W F. Comment：Transferability of Habitat Suitability Criteria [J]. North American Journal of Fisheries Management，1999，19（2）：623 – 625.

［99］ WILLIAMS J G. Building Hydrologic Foundations for Applications of ELOHA：How Long a Record Should You Have? [J]. River Research and Applications，2018，34（1）：93 – 98.

［100］ WILLIAMS J G. Central Valley Salmon：A perspective on chinook and steelhead in the central valley of california [J]. San Francisco Estuary & Watershed Science，2006，4：300 – 316.

［101］ WILLIAMS J G. Lost in space，the sequel：spatial sampling issues with 1 – D PHABSIM [J]. River Research & Applications，2010，26（3）：341 – 352.

［102］ WILLIAMS，J. G. Bootstrap sampling is with replacement：a comment on Ayllón [J]. River Research and Applications 2013，29：399 – 401.

［103］ YARNELL S M，PETTS G E，SCHMIDT J C，et al. Functional flows in modified riverscapes：hydrographs，habitats and opportunities [J]. Bioscience，2015（10）：963 – 972.

第 2 篇

结构单元法的
主要内容

引言

BBM 看起来是方法的分析框架,而不是一种具体的方法,主要是收集和管理河流数据的总体框架,以便为其流量管理提供建议。在进行 BBM 研究时,需要来自不同学科的专家参与该过程,此过程需要高水平的专业团队进行协调和管理。并需要遵循一系列结构化的活动来收集和研究河流上的最佳可用信息,供研讨会参与者分析讨论使用。

结构单元法的主要内容包括研究区域划分、流域生态重要性和敏感性研究、区域社会性调查研究、河流水文和水力学以及水生植物和动物(鱼类、无脊椎动物)研究,本篇主要详细介绍相关内容。

第3章 确定研究区域

3.1 研究区域初步划分

准备结构单元法研究的第一步是划分研究区域。这需要确保研究区域仅限于与水资源开发的可能影响相关的区域，并可以充分代表河流系统中所有可能关注的领域。

进行生态流量评估可能是为了应对拟商讨的水资源开发，或者仅仅是为了确定一条河流的最低流量要求，或者是为了区域规划。在大多数情况下，结构单元法适用于第一种情况，以确定即将要商讨的水资源开发可能影响河段的生态流量。在这种情况下，研究区域的上游界限被定义为拟议开发的任何会被影响的上游的一个点。研究区域的下游界限可以基于许多因素考虑，参考以下一项或多项：

（1）河流的长度，也就是为期四天的结构单元法研讨会所能满足的地点数量。

（2）河流淡水部分的下游范围（即到河口的上端）。

（3）将受到拟议开发项目严重影响的河流的下游范围。

（4）可以通过大坝泄洪等方式管理生态流量要求的河流长度。

（5）国界。

（6）所涉及的不同河段的重要性（基于其理想生态管理级别）。

研究区域通常在开始结构单元法研究之前划定，因为它关系到研究预算。因此，它将由客户规定或由专家建议，并在规划会议期间被批准。生态流量要求协调员应参与此决定。

研究区域在图表上进行描绘，然后在整个研究中使用。所有相关信息都会添加到图中，例如结构单元法站点位置的选择，这为研究团队的所有成员提供了标准化的研究站点。

3.2 河段的划分和选择

一般情况下，无法以适当的分辨率对研究区域内的整个河流长度的生物群进行测量、绘图和表征。因此，可对研究区域进行河段划分，河流的状况用河段内的站点代表。

河段的划分可以由河流的地貌类型指导，但是其他的划分标准可能对应也可能不对应于这一分类。因此，河段划分时可通过考虑以下额外因素缓解这一问题：

（1）一个新的研究区域应该从任何一个主要支流的上游开始，以便了解上游区段支流流入的流量（用以确定河流每个区域的生态流量要求）。

（2）除了地理位置非常靠近的水资源开发项目外，每项拟讨论的水资源开发应在不同的河段内，以便评估每一项开发对生态流量要求的影响。

（3）河流断面应该能够反映河流下游径流量的变化以及径流量变化对河道形态和功能的影响（这里应用地貌分类作为指导）。

最佳的河段划分应从整体的层面上，综合考虑河流的水文、气候、地质、地貌、动物和植物分布情况。协调员、团队的水文学家、地貌学家和河流生态学家进行充分的讨论，共同给出河段划分建议，每个部分最终应由一个站点代表。选定的部分将在栖息地完整性航测中使用，并在规划会议上提交并最终进行讨论。

3.3　研究站点的选择

结构单元法站点的确定是结构单元法相关的数据收集活动的焦点。一些专家，如鱼类学家，可能会对更长的河流感兴趣，大多数会把数据收集集中在这些站点。此外，水文学和水力学这两项重要的"支持服务"为这些站点提供了专门的信息，专家们在将其生态或其他环境知识转化为推荐的生态流量要求的描述时将使用这些信息。

3.3.1　研究站点选择的原则

1. 选择原则

（1）易于访问，可作为后期的监测站点，具有提供有用的生态流量需求信息的巨大潜力。

（2）站点位于主要支流的上游而非下游。

（3）对水流敏感的栖息地，以及保护物种的主要栖息地。

（4）具有良好的生态条件，以便帮助了解不同水流对生态系统的影响（如河岸植被的垂直分区）。

（5）水生动植物及陆生动植物物种具有多样性，并且具有河段的高度代表性。

（6）适用于整个可能流量范围内的精确水力建模，特别是低流量情况下。

（7）靠近利用河流资源维持生计的农村区域，并在所用资源方面有良好代表性。

2. 选择多个站点的原因

通常在河流系统中选择多个站点，主要有以下几点原因：

（1）进入该系统的支流可能会引入不同的河道、河岸或栖息地条件，从而影响河流中可能存在的动植物物种。

（2）对于不同的河段，理想生态管理级别可能会有所不同，每一段都需要进行单独的流量评估。

（3）河流沿岸的动植物群落发生了转变，单一站点可能无法充分代表。

选择的站点越多，系统的完整多样性表现的机会越大，因此对推荐的生态流量需求的置信度越高。但是，站点数量越多，整个过程就越冗长、复杂和昂贵。在结构单元法研讨会内可以考虑的站点数量也有限制，这是由于专家团队需要一天时间来描述一个站点的生态流量需求。

因此，最终的站点数目反映了待评估的河流系统的长度和多样性，并且是在充分表征河流的需要与时间和资源的限制之间的权衡。

3. 需要注意的事

每个河段通常只有一个站点。因此，重要的是：

（1）每个站点提供其所代表河段的最大范围的环境条件特征。

（2）这些条件以各种专家都能接受和使用的方式表示。

（3）参与选择站点的人员了解并有在结构单元法评估时进行选址的经验。

3.3.2 站点选择

研究站点的选择通常由 BBM 协调员或熟悉该过程的专家负责。在本书中，假定协调员来承担此职责。为了管理站点选择过程，协调员应具备以下要求：

（1）以前有过在研讨会中选择站点的经验。

（2）了解每个学科在 BBM 中所做出的贡献，以及每个专家需要某一个站点应具备的特征。

（3）能够总结每个潜在站点的优缺点，以帮助在最终站点列表上做出最优的决策。

1. 使用航空测量来帮助选址

在崎岖不平、不受干扰的环境中定位潜在站点可能是一个困难、令人沮丧和耗时的过程。农村地区的大多数小型公路都没有在地图上标出，开往河两岸所有可能的接入点可能会使选址费用翻倍。此外，还可能会错过一些好的潜在站点。

因此，栖息地完整性小组在航测期间可以通过适当行动协助选址。小组成员将已获悉河段的划分以及每个部分至少找到一个潜在站点。然后，他们将定位这些站点，使用 GPS 装置记录它们的位置，并捕获视频上的站点和可能的访问路线。此外，应该以口头或书面的形式提供关于进入路线的附加说明，因为视频可能只显示河流的近距离环境。

2. 识别视频中的潜在站点

参与选址的团队成员查看视频，所涉及的人员是 BBM 协调员按要求选定的选址人员。所有的选择都应该有助于完成这项工作，选择站点往往需要权衡取舍，例如，有助于精确水力建模的物理特征的站点，但这并不能很好地代表生态学家想要描述的物理栖息地的复杂性。

从视频和 GPS 数据集中，可以在地图上精确定位所有潜在的站点。然后，团队将在视频中查看这些潜在的站点。其目的是消除一些最不适宜的地点，让最适宜的站点在现场进行评估。具有复杂水力系统的站点无法建模，或者从某些团队成员的角度来看，访问代表性差的站点可能会在此阶段被淘汰。随后该团队将访问其余的站点。

3. 地面实况——基于关键标准的最终选址

理想情况下，选址访问应在低流量时（但不是无流量）进行，可以看到河床和堤岸的特征，并且可以找到流量敏感区域，如浅滩。如果时间有限（即不延长到下一个枯水期），则应对水力横断面进行测量，并在选址访问的同时或之后立即进行初始水位-流量进行测量，这将有助于提高水位-流量曲线的分辨率。

在每个站点评估了一些被认为合乎需要的站点属性，其中最重要的属性如下：

（1）易于访问。

（2）水生和河岸物种的物理栖息地具有多样性，并且具有较大河段的高度代表性。

（3）对水流敏感的栖息地，以及重要物种的重要栖息地，即使这不是整个河段的代表。

（4）适用于整个可能流量范围内的精确水力建模，特别是低流量。

（5）靠近测量堰和优质水文数据。

（6）就其相对于拟议的水资源开发的位置而言，该站点具有提供有用的生态流量需求信息的巨大潜力。

（7）站点位于主要支流的上游而非下游。

（8）良好的生态条件，以便有关流量特征的线索（如岸边河岸植被的垂直分区）可以帮助了解不同水流对生态系统的影响。

（9）靠近利用河流资源维持生计的农村区域，并在所用资源方面有良好代表性。

（10）具有作为后期监测潜力的站点。

站点可能被视为不合适的一些原因，主要包括以下几点：

（1）位于弯道上。

（2）位于相对无特点的浅滩区。

（3）主要由大型深水潭组成（非流量敏感型）。

（4）位于交通不便的峡谷中。

（5）具有良好的栖息地多样性和生态条件，但不可能准确地模拟当地的水力学。

（6）几个团队成员发现该站点用处不大。

理想情况下虽然应选择站点来代表河段，但更重要的是它们应该处于该区域的关键点。这意味着它们应该具有与流量相关的特征，如果满足这些特征，将确保河段的其余部分能够得到充分供应。例如，在具有大量水潭且仅有一个浅滩的区域中，应该选择包含浅滩的站点，因为这将是该区域中最依赖流量的位置。

4. 横截面的布置

选择站点后，将选择表示站点的横截面位置。这是由整个团队在现场完成的，在水力建模师的建议指导下，横截面能够准确描述这些位置的局部水力系统。来自不同学科的专家可能需要不同的横截面，其中任何一个都不适合精确的水力建模，并且建模者可以选择一些对其他专家没有吸引力的横截面用于建模。专家们可能需要做出妥协，但在离开现场之前必须就将在研讨会上使用的横截面的最小数量和位置达成协议。

除了关于河道维度的正常调查数据外，每个横截面都需要其他信息，每个专家都应该清楚地说明他们的需求。这些可能包括：

（1）沿岸的植被带边界。

（2）地基和其他有关物理栖息地的细节。

（3）植被和水力覆盖。

每个站点和横截面都分配了一个代码编号，该编号反映在调查小组设置的横截面基准上。最上游的站点是 BBM 站点 1（也可称为 1 号站点），下游站点编号是连续的。每个站点的横截面用字母表示，A 是最上游的横截面。

5. 选择研究站点期间需同步完成的工作

在现场，如果时间允许，应进行一些数据收集。下面列出了可以有效收集的数据：

（1）横截面尺寸和细节。在选址行程期间或之后，立即调查选定的横截面。

（2）定点摄影。研讨会将广泛使用各种已知或测量流量的摄影记录，因此每当测量流量时，也应拍摄河流照片。这些应该在固定点进行，最好使用相同的相机、镜头和镜头设置，并且应该集中在同一段河流上。每张照片中都应包括已知的横截面，特别是对流量敏感的横截面。

（3）水力系统。一旦调查了横截面，就可以对水面高度、流量以及水流速度和深度分布进行第一次测量。

（4）河流地貌。河流地貌信息收集主要包括记录横截面上的水力生物群落，测量其水力特征，并注意包含在横截面调查中的任何重要特征。

（5）河岸植被。河岸专家在横断面调查中标记并编号树木和其他植被。

（6）河流健康和水生无脊椎动物。可以使用水生无脊椎动物和南非评分系统 SASS4（Chutter，1998）快速评估河流健康状况。

（7）鱼类调查。使用简单的捕鱼器具可以获得鱼类样本，进而对鱼类进行早期评估，在后续研究中可根据需要进行详细的鱼类调查。

6. 调查横截面

水利专家负责监督调查团队，对横截面进行调查，以便能够在研讨会上提供关于每个被调查横截面的以下信息：

（1）水位-流量关系，它将反映任何流量所淹没的区域。

（2）垂直植被带在河岸上的位置。

（3）关键植物物种出现在这些区域的位置。

（4）关键地貌特征的位置，以便确定淹没流量或相当于满岸流量的水流。

3.3.3　最小和理想数据集

通常在河流系统中选择多个站点，因为：

（1）进入该系统的支流可能会引入不同的河道、河岸或栖息地条件，从而影响河流中可能存在的动植物物种。

（2）对于不同的河段，生态管理级别可能会有所不同，每一段都需要进行单独的流量评估。

（3）河流沿岸的动植物群落发生了转变，单一站点无法充分代表。

选择的站点越多，系统的完整多样性表现的机会越大，因此对推荐的生态流量需求的置信度越高。但是，站点数量越多，整个过程就越冗长、复杂和昂贵。在 BBM 研讨会内可以考虑的站点数量也有限制，因为专家团队需要一天时间来描述一个站点的 EFR。

因此，最终的站点数目反映了待评估的河流系统的长度和多样性，并且是在充分表征河流的需要与时间和资源的限制之间的权衡。

1. 最小数据集

最小数据集取决于研究区域的规模和复杂程度。然而，应遵循以下原则：

（1）通常情况下，大多数专家不能在正常工作时间抽出大量时间进行站点调研工作。

（2）在为期多日的研讨会上，一组专家通常可以处理四个站点（即两组可以处理八个站点）。

（3）根据以往应用 BBM 的经验，一般正确选择的四个站点可用于表示 $100\sim200\mathrm{km}$ 的河流长度。

（4）较小的研究区域不一定意味着较少的站点，因为系统的多样性也必须加以考虑。

（5）每个河段应该有一个站点。

2. 理想数据集

由于大多数河段没有设置水文监测站，只能通过现场实测来获得水文数据，因此从选定的每个研究河段中获取每个站点的水文数据，成本昂贵且耗时，这将为研究带来较大困难。因此大多数情况下，难以获取较为理想的水文数据集。

第 4 章　研究区域内河流生态重要性和敏感性研究

研究河流的生态重要性和生态敏感性，对维护生态多样性有重要的作用。在结构单元法中，对河流的生态重要性和敏感性进行评估，可以为确定河流生态目标以及推荐生态流量方案提供依据。

4.1　生态重要性和敏感性内涵

河流的生态重要性体现了其对维护生态系统多样性和在整个流域生态系统范围内发挥作用的重要性。河流的生态重要性一般从陆域生态系统重要性和水域生态系统重要性两个方面进行分析，从生物资源保护和水资源安全两层因素考虑，评价生态重要性（杜悦悦，2017）。

河流的生态敏感性（river ecological sensibility）的设定目的针对河流水资源开发可能引起的鱼类物种丧失和水生生境破坏，进而影响整个河流生态系统健康等生态问题，初步确定水资源开发的水生态敏感因子（包括物种和生境），评价各河段区域发生的水生态问题（即水生态敏感性）的大小（徐薇等，2014）。

在评估生态重要性和敏感性时，需要将系统的非生物和生物组成部分都考虑在内，主要基于现有信息和专家知识，进行笼统而粗略的估计。生态重要性和敏感性评估要结合河流生态环境实际情况，遵循水生生物类群栖息及生存规律，并充分考虑水域环境的自然地理条件、生物类群的时间变化特点及人员的技术水平。

4.2　结构单元法中的生态重要性和敏感性

生态重要性和敏感性的评估是在结构单元法的初期阶段进行的，并且是决定未来理想生态管理级别（EMC）和确定河流生态目标过程中的重要组成部分。设定目标的过程涉及生态重要性和敏感性级别评定。生态重要性和敏感性评估的结果，对是否将生态管理级别（EMC）设置为与当前相同状态或更高级别的状态有重要影响。

理想情况下，负责评估生态重要性和敏感性的专家应该是从事结构单元法项目的生态专家，并且应该具有丰富的研究河流的经验。各方面相关专家一起检查每个决定因素的得分，最终结果将与结构单元法团队进行核对，并与这些专家达成共识。负责人应清楚了解评价方法与原理，以及如何将结果用于制定生态管理级别（EMC）和生态目标。

4.3 生态重要性评估

对河流或河段的生态重要性进行估计和分类，建议根据生态分型框架对所考虑的河段进行分类，以提高该方法的生态敏感性和实际性。可以从以下几个生态方面考虑（Kleyn-hans，1999）：

（1）河流的河道内和河岸组成部分中整体物种多样性，是否存在稀有和濒危物种、特有物种（即地方性或孤立的种群）和群落，是否存在不能容忍环境变化的物种。

（2）河流或河段是否提供系统不同部分之间的连通性，即它是否为物种重要的迁徙路线或生态廊道。

（3）沿河段是否存在保护区、重点生态功能区或禁止开发区域。

评估员对生物和栖息地决定因素进行评分。五分（0～4）评分系统（表4-1）用于评估生态重要性的两个方面，生物评分细则见表4-2，栖息地评分细则见表4-3，由这些分数的中位数确定生态重要性的评分等级，分为四个等级（表4-1）。由于大多数河流的独特性，决定因素可根据河流具体特征进行一些改动。

表4-1　　　　　　生态重要性类别：解释生物和栖息地决定因素的中位数分数

中值的范围	生态重要性类别
(3, 4]	很高
(2, 3]	高
(1, 2]	中等
(0, 1]	低

表4-2　　　　　　　　用于评估河流及河岸生态重要性的生物决定因素

决定因素	指南和说明[①]	评 分 指 南[③]
稀有和[②]濒临灭绝的生物群[②]	种群在区域、省或国家范围内可能是罕见的或濒临灭绝的。信息一般来源于国家或地方统计的数据	非常高（4）：一种或多种物种/群落在国家范围内稀有或濒临灭绝。 高（3）：一个或多个物种/群落在省/区域范围内罕见或濒临灭绝。 中等（2）：不止一种物种/群落在当地范围罕见或濒临灭绝。 低（1）：一种稀有或在当地濒临灭绝的物种/群落。 无（0）：没有稀有或濒危物种/群落
特有的生物群[②]	地方性的或特有的，但并非罕见或濒临灭绝的物种种群或群落。 评估应基于专业知识。有大量特有物种的区域应单独评估	非常高（4）：一个或多个在全国范围内特有的种群（或群落）。 高（3）：一个或多个种群（或群落）在省/区域范围内是特有的。 中等（2）：不止一个种群（或群落）在当地范围是独一无二的。 低（1）：一个当地范围特有的种群（或群落）。 无（0）：没有特有的种群（或群落）

续表

决定因素	指南和说明①	评 分 指 南③
耐受性差的生物群	耐受性差的分类群包括已知的种群（或群落）不能容忍流量减少或增加，以及物理栖息地和水质的流量相关变化。由于关于土著生物群不容忍的实验信息很少，评估应基于专业判断。常通过鱼类判断	非常高（4）：在生命周期的阶段，依赖于持续流动水的生物群占比很大。 高（3）：在生命周期的全部阶段，大部分生物群依赖于持续流动的水。 中等（2）：在生命周期的某些阶段，一小部分生物群依赖于持续流动的水。 低（1）：比例非常低的生物群暂时依赖于流动的水来完成生命周期。零星和季节性流动即可满足需求。 无（0）：几乎没有任何生物群依赖流水

① 目前的指南主要适用于脊椎动物和维管植物，它们更容易获得群体信息。如果专家的知识允许评估除这些组分之外的生物群，则应包括此类信息。应指明评估所依据的分类群。特别是在使用无脊椎动物和其他植物作为指标的情况下，评分系统可能由相关的生态专家进行调整。

② 对于稀有和濒危或独特的生物群，应尽可能提供最高的分数。

③ 如果一个物种在全国范围内稀有或濒临灭绝，那么其分数应该被评为非常高。如果一个物种在区域范围内稀有或濒临灭绝，但在全国范围内是独一无二的，那么其分数应该被评为非常高。

表 4-3　　　用于评估河流和河岸生态重要性的栖息地决定因素

决定因素	准则和说明	评 分 指 南①
保护的价值	根据环境状况恶劣期为生物群提供避难所的能力，评估栖息地类型的功能。判断区域在不同尺度上保护水生态多样性的重要性	非常高（4）：河流/溪流位于对国家乃至国际范围内保护生态多样性非常重要的区域内。如自然遗产地。 高（3）：河流/溪流位于对全国范围内保护生态多样性至关重要的区域内，如国家公园、国家级自然保护区。 中等（2）：河流/溪流位于省/区域范围内对保护生态多样性至关重要的区域内。如省/自治区/直辖市级公园、省/自治区/直辖市级自然保护区。 低（1）：河流/溪流位于对于当地保护生态多样性的重要区域内。如市级或县级公园、市级或县级自然保护区。 非常低（0）：河流/河流不存在于任何规模的保护生态多样性的重要区域内
河道和河岸生物群的迁徙路线	评估河流/溪流提供的上游/下游或河两岸生物连通性的重要性（根据现有信息和专家判断）	非常高（4）：河流/溪流是上游和下游生物群生存连通性的关键地区，对变化非常敏感。 高（3）：河流/溪流是上游和下游生物群生存连通性的重要地区，对变化敏感。 中等（2）：河流/溪流在上游和下游生物群的生存连通性方面是一个中等重要的区域，并且对变化具有中度敏感性。 低（1）：河流/溪流在上游和下游生物群的生存连通性方面的重要性较低，并且对变化具有低敏感性。 非常低（0）：河流/溪流不影响上游和下游生物群的生存连通性

① 评分系统主要适用于脊椎动物。在使用无脊椎动物和植物作为指标的情况下，评分系统可由相关专家进行调整。

4.4 生态敏感性评估

生态敏感性评估的主要评价要素包括水体理化参数、物理生境和生物类群，通过对水质评价、生物评价和生境评价加权求和，构建河流水生态环境综合评价指数，从而对河流生态敏感性进行分级《河流水生态环境质量评价技术指南（试行）》（中国环境监测总站，2014）。

4.4.1 水质评价

水质评价方法参照《地表水环境质量标准》（GB 3838—2002），根据不同功能分区水质类别的标准限值进行单因子评价。根据水质类别进行赋分，赋分标准见表 4-4。

表 4-4　　　　　　　　　　　　　　水质理化指标评价等级及赋分

水质类别	Ⅰ类	Ⅱ类	Ⅲ类	Ⅳ类	Ⅴ类
赋分	5	4	3	2	1

4.4.2 生境评价

生境评价同样使用赋分法。首先通过调查获得生境监测数据，并按照栖息地生境评价计分表对参数分别评分（生境评价打分标准见表 4-5）并累加各项参数总值，最后对获得的评价栖息地生境质量分值 H 进行赋分，赋分标准见表 4-6。

表 4-5　　　　　　　　　　　　　　生境栖息地打分标准

评价指标	好	较好	一般	差
1. 底质	75%以上是碎石、卵石、大石，余为细沙等沉积物	50%～75%是碎石、鹅卵石、大石，余为细沙等沉积物	25%～50%是碎石、鹅卵石、大石，余为细沙等沉积物	碎石、鹅卵石、大石少于25%，余为细沙等沉积物
	20 19 18 17 16	15 14 13 12 11	10 9 8 7 6	5 4 3 2 1 0
2. 栖境复杂性	有水生植被、枯枝落叶、倒木、倒凹河岸和巨石等各种小栖境	有水生植被、枯枝落叶和倒凹河岸等小栖境	以1种或2种小栖境为主	以1种小栖境为主，底质多以淤泥或细沙为主
	20 19 18 17 16	15 14 13 12 11	10 9 8 7 6	5 4 3 2 1 0
3. V/D结合特征	慢-深、慢-浅、快-深和快-浅4种类型均有，近乎平均分布	只有3种情况（如快-浅未出现，分值较低）	只有2种情况出现（如快-浅和慢-浅未出现，分值较低）	只有1种类型出现
	20 19 18 17 16	15 14 13 12 11	10 9 8 7 6	5 4 3 2 1 0
4. 河岸稳定性	河岸稳定，观察范围内小于5%河岸受到损害	比较稳定，观察范围内有5%～30%的面积出现侵蚀现象	观察范围内30%～60%面积发生侵蚀，且洪水期可能会有较大隐患	观察范围内60%以上的河岸发生侵蚀
	20 19 18 17 16	15 14 13 12 11	10 9 8 7 6	5 4 3 2 1 0

续表

评价指标	好	较好	一般	差
5. 河道变化	渠道化没有或很少，河道维持正常模式	渠道化较少，通常出现于桥墩周围，对水生生物影响较小	渠道化较广泛，出现于两岸有筑堤或桥梁支柱的情况下，对水生生物有一定影响	河岸由铁丝和水泥固定，对水生生物影响严重，使其栖境完全改变
	20 19 18 17 16	15 14 13 12 11	10 9 8 7 6	5 4 3 2 1 0
6. 河水水量状况	水量较大，河水淹没到河岸两侧，或仅有少量的河道暴露	水量比较大，河水淹没75%左右的河道	水量一般，河水淹没25%~75%的河道	水量很小，河道干涸
	20 19 18 17 16	15 14 13 12 11	10 9 8 7 6	5 4 3 2 1 0
7. 植被多样性	河岸周围植被种类很多，面积大，河岸植被覆盖50%以上	河岸周围植被种类比较多，面积一般，河岸植被覆盖25%~50%	河岸周围植被种类比较少，面积较小，河岸植被覆盖少于25%	河岸周围几乎没有任何植被，河岸无植被覆盖
	20 19 18 17 16	15 14 13 12 11	10 9 8 7 6	5 4 3 2 1 0
8. 水质状况	很清澈，无任何异味，河水静置后无沉淀物质	较清澈，轻微异味，河水静置后有少量的沉淀物质	较浑浊，有异味，河水静置后有沉淀物质	很浑浊，有大量的刺激性气体溢出，河水静置后沉淀物很多
	20 19 18 17 16	15 14 13 12 11	10 9 8 7 6	5 4 3 2 1 0
9. 人类活动强度	区域及周边无人类活动干扰或少有人类活动	区域及周边人类干扰较小，有少量的步行者或自行车通过	区域及周边人类干扰较大，少量机动车通过	区域及周边人类干扰很大，交通必经之路，有机动车通过
	20 19 18 17 16	15 14 13 12 11	10 9 8 7 6	5 4 3 2 1 0
10. 河岸土地利用类型	河岸两侧无耕作土壤，营养丰富	河岸一侧无耕作土壤，另一侧为耕作土壤	河岸两侧耕作土壤，需要施加化肥和农药	河岸两侧为耕作废弃的裸露风化土壤层，营养物质很少
	20 19 18 17 16	15 14 13 12 11	10 9 8 7 6	5 4 3 2 1 0
合计				
总分				

表 4-6　　　　　　　河流栖息地生境质量的分级评价标准

得分分值	等　级	赋　分
$H > 150$	无干扰	5
$120 < H \leqslant 150$	轻微干扰	4
$90 < H \leqslant 120$	轻度污染	3
$60 < H \leqslant 90$	中度污染	2
$H \leqslant 60$	重度污染	1

注　栖息地生境质量以 H 表示。

4.4.3 生物评价

生物评价方法有很多，以下推荐的生物评价方法是在我国生物监测中经常用到的5种方法，见表4-7，建议选择其中一种或几种评价方法对监测河流进行评价。

表 4－7　　　　　　　　　　常见水生生物指数评价法适用性

方　法	适　用　性	适用生物类群
BMWP 记分系统	针对大型底栖动物的定性监测数据进行记分，不需定量监测数据；且只需将物种判断到科，工作量少，判断引入的误差少	大型底栖动物
Hilsenhoff 指数（HBI）	利用大型底栖的定量监测数据和各分类单元耐污值数据进行评价	大型底栖动物
生物学污染指数（BPI）	利用大型底栖的定量监测数据，从指示类群分布特征的角度进行评价	大型底栖动物
Shannon－Wiener 多样性指数	利用藻类或大型底栖的定量监测数据进行评价。多样性指数更适合同一溪流或河流上下游样点之间的群落结构差异的评价，不适合用于反映群落中敏感和耐污物种组成差异信息的评价。物种多样性较低的源头水不宜用多样性指数进行评价	大型底栖动物、藻类
Palmer 藻类污染指数	用于藻类定性监测结果进行记分评价。样品鉴定到属即可，不需要定量监测结果，监测的工作量比较小	藻类

1. BMWP 记分系统

BMWP 记分系统以大型底栖动物为指示生物，其原理是基于不同的大型底栖动物对有机污染（如富营养化）有不同的敏感性/耐受性，按照各个类群的耐受程度给予分值。按照分值分布范围，对水体质量状况进行评价。BMWP 分值越大表明水体质量越好。

BMWP 将大型底栖动物以科为单位划分，每个科对应一个分值，采样点 BMWP 分值为样品各科对应分值之和，计算公式为

$$BMWP = \sum F_i$$

式中　F_i——科 i 的敏感值，建议值见表 4－8。

表 4－8　　　　　　　　底栖动物 BMWP 指数科级敏感值列表

类群	科	记分值
蜉蝣目	短丝蜉科，扁蜉科，细裳蜉科，小蜉科，河花蜉科	10
襀翅目	带襀科，绿襀科，卷襀科，网襀科，黑襀科，襀科	
半翅目	盖蝽科	
毛翅目	石蛾科，枝石蛾科，贝石蛾科，齿角石蛾科，长角石蛾科，瘤石蛾科，鳞石蛾科，毛石蛾科，短石蛾科	
十足目	正蟹虾科	8
蜻蜓目	色蟌科，丝蟌科，箭蜓科，蜓科，大蜓科，伪蜻科，蜻科	
襀翅目	叉襀科	7
蜉蝣目	细蜉科	
毛翅目	原石蛾科，多距石蛾科，沼石蛾科	

类群	科	记分值
螺类	蜒螺科，田螺科，盘蜷科	6
蚌类	蚌科	
毛翅目	小石蛾科	
蜻蜓目	细蟌科，扇蟌科	
端足目	螺蠃蜚科，钩虾科	
涡虫	真涡虫科，枝肠涡虫科	5
双翅目	大蚊科，蚋科	
鞘翅目	沼梭科，水甲科，龙虱科，豉甲科，牙甲科，拳甲科，沼甲科，泥甲科，长角泥甲科，叶甲科，象鼻虫科	
半翅目	黾蝽科，水蝽科，尺蝽科，蝽科，潜蝽科，仰蝽科，固头蝽科，划蝽科	
毛翅目	纹石蛾科，经石蚕科	
蛭纲	鱼蛭科	4
蜉蝣目	四节蜉科	
广翅目	泥蛉科	
蛭纲	舌蛭科，医蛭科，石蛭科	3
螺类	盘螺科，螺科，椎实螺科，滴螺科，扁卷螺科	
蛤类	球蚬科	
虱类	栉水虱类	
双翅目	摇蚊科	2
寡毛类	寡毛纲	1

注　BMWP中各科的记分值，可参考当地研究区物种对污染物耐受性的研究进行调整。

BMWP记分系统分值评价标准见表4-9。

表4-9　　　　　　　　BMWP记分系统分值评价标准

BMWP记分值	等级	说明	赋分
>100	优秀	未受污染	5
71~100	良好	轻微污染	4
41~70	中等	中度污染	3
11~40	较差	污染	2
0~10	很差	重度污染	1

2. Hilsenhoff 指数（Hilsenhoff Biotic Index，HBI）

利用不同的大型底栖动物对有机污染（如富营养化）有不同的敏感性/耐受性与不同类群出现的丰度信息对监测位点水体质量状况进行评价。HBI 分值越大表明水体质量越差。

HBI 的计算公式为

$$HBI = \sum_{i=1}^{n} \frac{n_i t_i}{N}$$

式中　n_i——第 i 个分类单元（通常为属级或种级）的个体数；

　　　N——样本个体总数；

　　　t_i——第 i 个分类单元的耐污值。

HBI 评价分级见表 4-10。

表 4-10 　　　　　　　　　　　HBI 评 价 分 级

HBI	等　　级	赋　　分
$7.26 \leqslant HBI < 10$	很差	1
$6.51 \leqslant HBI < 7.26$	较差	2
$5.08 \leqslant HBI < 6.51$	中等	3
$4.26 \leqslant HBI < 5.08$	良好	4
$0 \leqslant HBI < 4.26$	优秀	5

3. 生物学污染指数（biotic index of pollution，BPI）

BPI 的计算公式为

$$BPI = \lg \frac{\lg(N_1 + 2)}{\lg(N_2 + 2) + \lg(N_3 + 2)}$$

式中　N_1——寡毛类、蛭类和摇蚊幼虫个体数；

　　　N_2——多毛类、甲壳类、除摇蚊幼虫以外的其他水生昆虫的个体；

　　　N_3——软体类个体数。

BPI 评价标准见表 4-11。

表 4-11 　　　　　　　　　　　BPI 评 价 标 准

BPI	评 价 等 级	赋　　分
$BPI < 0.1$	优秀	5
$0.1 \leqslant BPI < 0.5$	良好	4
$0.5 \leqslant BPI < 1.5$	中等	3
$1.5 \leqslant BPI < 5$	较差	2
$BPI \geqslant 5$	很差	1

4. Shannon - Wiener 多样性指数

Shannon - Wiener 多样性指数反映了生物群落结构的复杂程度。其评价原理是基于：通常多样性指数越大，表示群落结构越复杂，群落稳定性越大，生态环境状况越好；而当水体受到污染时，某些种类会消亡，多样性指数减小，群落结构趋于简单，指示水质出现下降。

Shannon - Wiener 多样性指数的公式为

$$H = -\sum_{i=1}^{S} \left(\frac{n_i}{n}\right) \log_2 \left(\frac{n_i}{n}\right)$$

式中　H——Shannon - Wiener 多样性指数;

　　　n——大型底栖动物(藻类)总个体数;

　　　S——大型底栖动物(藻类)种类数;

　　　n_i——第 i 种底栖动物(藻类)个体数。

表 4 - 12　　　　　　　　　　Shannon - Wiener 多样性指数评价标准

H　值	评 价 等 级	赋　分
$H \geqslant 3.0$	优秀	5
$3.0 > H \geqslant 2.0$	良好	4
$2.0 > H \geqslant 1.0$	中等	3
$1.0 > H > 0$	较差	2
$H = 0$	很差	1

5. Palmer 藻类污染指数

根据藻类对有机污染耐受程度的不同,对能耐受污染的 20 属藻类,分别给予不同的污染指数值。按照指数分值分布范围,对监测位点水体质量状况进行评价。Palmer 分值越小表明水体质量越好。根据水样中出现的藻类,计算总污染指数。

将水样中出现的藻类赋以一个污染指数值,计算样品中总污染指数,然后按照 Palmer 评价标准评价水体污染状况。藻类的污染指数值见表 4 - 13。

表 4 - 13　　　　　　　　　　　藻 类 的 污 染 指 数 值

属　名	污染指数值	属　名	污染指数值
集胞藻属	1	微芒藻属	1
纤维藻属	2	舟形藻属	3
衣藻属	4	菱形藻属	3
小球藻属	3	颤藻属	5
新月藻属	1	实球藻属	1
小环藻属	1	席藻属	1
裸藻属	5	扁裸藻属	2
异极藻属	1	栅藻属	4
鳞孔藻属	1	毛枝藻属	2
直链藻属	1	针杆藻属	2

Palmer 评价标准见表 4 - 14。

表 4 - 14　　　　　　　　　　　　Palmer 评 价 标 准

Palmer	污 染 状 况	赋　分
$\geqslant 20$	重污染	1
$15 \sim 19$	中污染	2
< 15	轻污染	3

4.4.4　河流生态敏感性综合评价

利用综合指数法进行水生态环境综合评估，通过水化学指标、水生生物指标和生境指标加权求和，构建河流水生态环境综合评价指数（water eco - environment index，WEI_{river}），以该指数表示各评估单元和水环境整体的质量状况。河流水生态环境综合评价指数为

$$WEI_{river} = \sum_{i=1}^{n} x_i w_i$$

式中　WEI_{river}——河流水生态环境综合评价指数；

x_i——评价指标分值；

w_i——评价指标权重。

在综合评价时，综合考虑水化学指标、水生生物指标、栖息地生境指标，其分值范围及建议权重见表 4 - 15。

表 4 - 15　　　　　　　　　　　　水生态环境综合评价表

指　　标	分　值　范　围	建　议　权　重
水化学指标	1～5	0.4
水生生物指标①	1～5	0.4
生境指标	1～5	0.2

①　水生生物指标若单独用底栖动物或着生藻类评价，建议权重为 0.4。

若同时使用底栖动物和着生藻类评价，建议采用最差评价结果代表水生生物评价结果。

根据水生态环境综合评价指数（WEI_{river}）分值大小，将水生态敏感性分为五个类别，水生态敏感性分级标准见表 4 - 16。

表 4 - 16　　　　　　　　　　　　水生态敏感性分级标准

综合评价指数（WEI_{river}）	水　生　态　状　况	生态敏感性类别
$WEI_{river} > 4$	优秀	很高
$4 \geqslant WEI_{river} > 3$	良好	较高
$3 \geqslant WEI_{river} > 2$	轻度污染	中等
$2 \geqslant WEI_{river} > 1$	中度污染	较低
$WEI_{river} \leqslant 1$	重度污染	低

4.4.5　研讨会的资料准备

负责评估的专家需要知悉其他专家的信息和专业知识。因此，生态重要性和敏感性评估工作通常在结构单元法研讨会上进行。但是，如果信息可以提前获得，则可以在研讨会之前进行评估，并整理出评估过程中的数据与材料，作为研讨会前期资料的一部分。在这种情况下，该部分应提供相应的表格，给出打分的数据与依据，并根据打分评估生态重要性和敏感性等级。

如果在研讨会之前进行评估，则应向其他专家提供结果，以确保就生态重要性和敏感

性评级达成共识。

4.4.6　工作流程示例

评估生态重要性和敏感性的工作流程应为：

（1）根据生态重要性和敏感性评估方法收集评级所需的信息。

（2）应用生态重要性和敏感性评估方法分别评估河流的生态重要性和敏感性等级。

（3）与每位相关专家核实：对相关决定因素的评估是否正确，得出的分数是否合理。

（4）写一份结果报告，作为结构单元法研讨会的拟议文件的一部分，在研讨会上进行小组讨论和评估。

第 5 章　研究区域内社会调查评估

5.1　背景信息

BBM 社会评估的目标是提供有关农村社区使用河流资源的信息以及从社区角度看健康的河流生态系统对维持生计的重要性。从本质上讲，这涉及了解社区对提供诸如鱼类等资源的河流流量的重要性及其依赖性；河岸植物用于食物、茅草、药用和其他用途；泛滥平原和水库等多种用途的区域。BBM 中使用的社会评估不同于其他更传统的社会学评估，因为它不仅需要描述所使用的资源，还需要描述其在河流生态系统功能方面的生态特性和相关性。BBM 中有关社会调查的研究所面临的挑战是提供一个与社会学评估有关的生态系统联系，所有资源都被确定为物种，并对其使用进行了量化。找到方法来理解人们对河流和资源之间关系的看法，以及资源可用性的历史变化是建立这种联系的关键问题。

这种评估方法的开发目前仍处于初级阶段，并且像 BBM 的所有方面一样，无疑将通过进一步的应用和经验进行修改。从本质上讲，本章所有的目的是建立一个支持社会环境研究的生态框架，该研究将完成以下工作：

（1）确保研究者以某种方式收集到能够被生物物理专家使用的数据。

（2）有助于为此类性质的未来研究制定框架和指南。

这里描述的技术对于社会顾问来说可能是熟悉的，而将它们包括在内，绝不是为了规定一种方法或排除一种替代方法。它们被包括在内仅仅因为它们被发现是有用的，并且有助于发展和描述一个适当的生态框架。特别是参与式技术使得便于从人们那里收集信息，在这种情况下，他们可能对河流有广泛的认识，但传统的访谈技巧对他们来说可能是不适当的。

5.2　概述

社会影响评估领域有关想法表明问卷调查往往是一种不恰当的方法（J. Stadler，1988）。非参与式方法的缺点包括：

（1）公众对研究成果的期望过高或错误，因为这种方法并没有提供平台来明确重申和重审项目目标。

（2）假设所有受访者对新的和复杂的问题有同样的理解。

（3）缺乏社区团体的充分参与，这些收集的数据可能代表所选择的不合适的个人观点。

（4）通过非交互方式收集数据，不允许解释或探索新问题。

通过考虑一系列研究方法可以弥补这些缺点。通过在其固有的假设和限制方面仔细考虑社会学方法，可以实现目标人群的充分参与。建议采用标准参与式技术，如农村参与式评估（PRA）（张鸣鸣，2010；张志等，2005；Sandham 等，2019）。在整个过程中可以通过与关键信息提供者访谈来澄清和增加问题的细节。这些技术克服了标准问卷方法中固有的许多缺点和假设。对于新手来说，与使用问卷调查相比，参与式方法可能看起来很耗时。虽然确保研究人员和社区团体之间合作所需的初始时间很长，但这项投资可利用参与式研究的以下优点：

（1）一旦过程正在进行，就会在很短的时间内收集到大量详细信息。

（2）数据可以通过称为"三角测量"的过程进行交叉检查，参与者可以监控其他人在公共论坛中提供的信息。相比之下，例如，调查问卷的受访者可能会给出他们认为受访者需要的答案，如果这样做会有明显的好处。

（3）通过小组工作实现数据验证。这与问卷调查方法中的一对一访谈形成对比，在调查问卷方法中，专家必须在没有参与者互动的情况下尝试在后期识别不一致的地方。

（4）所有感兴趣的社区成员都可以参加，包括那些通常较少发声的人。由于所有信息都可以直观呈现，因此不排除该群体的文盲成员。

（5）通过社会顾问与社区之间以及社区成员之间的互动，可以有足够的时间来增强可信度。这种互动有助于通过分阶段方法形成对工作目标的共同理解，并使顾问能够明确地重申目标。

（6）与参与者互动的过程有助于识别新问题或未解决的问题，问题可立即或在后续会议中解决。这通常不能通过问卷调查来实现。

（7）社区能够在一定程度上指导研究结果。

鉴于社会学评估的目标，社会团队要解决的一个最关键问题是研究成果应促进信息与生态流量评估总体目标之间的联系。所收集的数据类型不仅应允许生物物理专家进行解释，而且其格式还应有助于在后期阶段纳入整体 BBM 评估。因此，为了以对生物物理专家有用的形式捕获信息，数据收集应该协同设计。在这样做时，可以在进行研究之前解决诸如植物学家鉴定植物材料以及资源与河流流量之间关系的量化等问题。生物物理专家需要这些信息，因为最终建议的生态流量要求将被部分设计用来维持有价值的河流资源。

表 5-1 中总结的总体方法旨在提供足够强大的框架，以允许制定能满足特定项目需求的方法。

关于如何进行该过程的其他建议包括：

（1）研讨会应在主村进行，最好是在河边进行。

（2）在可能的情况下，顾问应在评估期间住在现场或靠近现场。

（3）顾问应该能够说当地语言，或者至少有一个熟悉当地语言的人被聘为抄写员和辅导员。

（4）在可能的情况下，相关的生物物理专家，特别是生态学家，应参加会议，以便于识别物种，并在适当情况下进一步引导进行关键性讨论。

表 5 - 1　　　　　　　　　　　　　评估人类使用河流资源的总体过程

步　骤	分　步　骤
1. 研究的说明和来自所有参与者的信息收集	(1) 与参与者一起审查项目目标和研究方法； (2) 确定使用的河流资源； (3) 确定谁使用它们
2a. 专题小组讨论（鱼类、药用植物、工艺品等）	(1) 优先考虑每种资源或使用的相对重要性； (2) 描述每种资源的位置和范围； (3) 确定使用的季节性
2b. 建立资源和流量之间的联系	(1) 描述与每种资源相关的关键水位； (2) 确定哪些季节（以及由此产生的流量）在资源的使用或维护方面很重要； (3) 调查资源如何随时间变化以及原因
3. 与所有参与者的全体会议：信息收集的摘要信息	收集上述信息，以了解可接受的生态管理类别

最后，应该注意的是，通过参与式方法，大部分数据分析和介绍都在现场进行，因为收集的每条信息都会在后续会议中使用。

5.3　活动顺序

5.3.1　确定潜在社区和选择研究站点

第一项活动的目标是确定可以参与研究的发展中地区下游的所有社区，并访问这些社区，以便最终选择参与的社区。这项工作仅在划定研究区域后进行，并且最好在划定河段和区域之后。它由社会顾问团队和相应的生物物理专家共同完成。

在所有村庄的理论识别之后，对可能进行研究的村落进行实地考察。这些可能是根据它们在研究区域内的位置（例如在河流区域内），它们的可访问性以及它们过去参与研究的历史来选择。在村庄里将与适当的社区人员或负责人进行讨论，并将寻求他们的批准以进行评估。

生物物理专家，特别是植物学家，应与社会顾问协商，确保在每个河段选择代表性村庄。他们还确保每个部分的 BBM 站点代表相应村庄使用的河流资源。专家们一起组织数据的收集，以便以生物物理团队可以解释和整合的方式收集所有资源数据。这包括但不仅限于以下内容：

（1）社区使用的所有动植物都以物种命名。

（2）收集的河岸植物的位置根据它们占据的洪水或植被区域来确定。

（3）通常与有价值的水生植物（流速快或流速慢、深水或浅水等）相关的水力条件是已知的。

能进行适当评估的村庄可以在地图上找到。总的目标是，在研究条件允许范围内，在每个河段内选择一个或多个目标村庄。选择目标村庄的标准以社会顾问的经验和当地知识为指导，可能包括下面列出的内容：

（1）社区规模。这将取决于时间和金钱的可用性，一个大村庄可能提供更多信息，但也需要更多的研讨会。

（2）方便直接进入河流及江河资源。

（3）在该村内建立了牢固的社会联系。

（4）村庄建立的时长。如果对河流流量随时间的变化感兴趣，村民可能会记住这些变化。

（5）距所选站点的距离。包括居住在这样一个站点附近的社区，参与者可以在调查的横断面上指出对他们来说重要的水位，促进有价值的特征和流量之间的联系。

在与社区进行初步接触并邀请他们参与时，社会顾问在视觉展示的帮助下投入时间来解释工作目的。将研究情况置于当地的河流已受到发展的影响这个背景下，政府打算寻找这些问题的原因和解决方式。在这一点上强调：

（1）评估的目的不是解决生活用水问题。

（2）为生态流量需求提供不会危害或减少供应国内供水的水量。

（3）获得的信息将反馈给社区。

（4）社会顾问将参加 BBM 研讨会，以阐明社区需求。

应允许人们简要列出他们使用的有用的河流资源。在这项活动结束时，应该从代表性社区结构中就如何进行评估达成共识。社区所有部门原则上也应该同意参加。

5.3.2 对所用河流资源及其位置和范围的识别

社会顾问和团队在选定的村庄开展这项活动，以实现两个目标。首先，应了解所使用的资源及其位置。这是使用河流基本数据的集合，概述了社区使用的所有河流资源以及谁在使用它们。有两种用途：

（1）资源直接使用（直接从河流或河流区域使用的资源）。

（2）将河流用于农业（农耕区域，例如洪泛区内以及牲畜放牧或灌溉区域）。

其次，这项调查的结果应该表明将用于重点发展小组的一般用途类别（例如捕鱼、文化用途、工艺品植物等）。

与每种资源相关的数据应指明资源是流入水还是流出水、其可用性、面积和分布的范围，以及如果它是流出水，则应标明其离河流的距离。最小数据集可以为最重要的物种建立这样的模型。

最初，一个简单的列表是从使用的资源和使用它们的人中获得的。此后，通过绘图等工作，介绍参与式信息分享的主题，以便在群体内建立可信度，并确保较少发言的成员也能参与。作为指导，可能会要求参与者绘制他们的村庄地图，指出谁居住在哪里，并解释他们与河流的关系。这项工作还可能涉及绘制社会结构、阶级、部族等等，这可以为理解村庄内的权力关系和控制资源提供重要的背景。如果在调查的足够早期阶段就绘制这种地图，顾问可能能够使用它来评估某个村庄是否愿意或适宜纳入研究。

参与测绘工作后，大多数参与者对他们的知识和技能有了更高的信任度，调查将继续绘制资源利用地图。这些地图提供了有关河流及其周围、使用的资源以及这些资源的分布和范围的更详细资料（例如芦苇床、渔场、农田等）。最小数据集可能仅包含资源的映射，而不验证资源的范围。

所提供的资料应由顾问和一些社区成员通过跨越更宽的河道横断面加以检查。这样可以更准确地描述所用区域的范围、资源可用性的季节性差异、依赖每种资源的人数以及对有关河流水位的一般性讨论。

5.3.3　确定资源用户和关键中心小组

虽然上述活动提供了有关资源使用的一般信息，但重要的是在确定资源优先级之前，先确定谁以及有多少人使用特定资源。这可以通过向小组提出问题，或通过图表或表格来实现，并有助于确定以后可以就该资源进行访谈的关键群体。它还可以表明每种资源的使用范围，以及在社会或经济上的重要性。这在判断资源的相对重要性方面尤其关键，例如鱼类可能是大部分社区的主要蛋白质来源，或仅轻微补充少数人的收入。这些知识还有助于突出围绕资源使用的潜在冲突领域。

顾问可以找到有用的资源使用矩阵，其不仅涉及列出谁使用资源，还涉及使用资源的重要性排名（表 5-2）。此外，它还提供了以下活动的信息。矩阵不是关键输出，而只是一个可以进行重点讨论的可视化摘要。这些讨论的内容是最关键的记录输出。本警示说明适用于所有活动。

表 5-2 为总资源使用矩阵的示例。星号表示重要性排名为 1~5，其中＊＊＊＊＊表示非常重要，＊表示名义上重要。

表 5-2　　　　　　　　　　　　总资源使用矩形示例

使用者	资源					
	A	B	C	D	E	F
女性	＊＊＊＊＊	＊＊	＊	＊＊＊＊＊	＊	＊＊
孩子	＊				＊＊＊＊＊	
渔民	＊	＊＊＊	＊＊			＊＊＊＊＊
农民	＊＊				＊＊＊＊＊	

如前所述，此活动突出了围绕资源使用的潜在冲突领域。例如，资源 A 被渔民和农民使用，但农民的活动可能会损害渔民的资源。这样的矩阵将注意力集中在常见用途上，并围绕明显的差异或异常进行讨论。然后，用户组通过阐明他们为共享资源访问所做的安排来解决这些问题，例如在不同的区域或不同的时间使用资源。鉴于这些差异，这说明了在这个阶段，河流未来的预期条件或生态管理等级的可能性和原因在社区内的群体之间可能存在差异，并在后来的协议中混淆。这不应该被忽视，而是应该正视这一点，以便解决分歧并设计达成共识。

5.3.4　确定每种使用类别中各资源相对重要性的优先次序

一旦知道了资源及其用户，参与者就会被分成与每个使用类别相关的关键焦点组，以完成对每种资源的相对重要性的评估。每个小组由合适的人员组成至关重要，因为不同的利益集团强调不同的优先事项。在评估中，有必要区分在生计方面具有主要或次要重要性的资源，从而突出关键资源。

对于大多数使用类别，此活动应在河边进行，以便识别或收集动植物标本或不同"类型"的水。社会团队有可能拥有物种清单，并在可能的情况下，拥有与河流的这一部分相关的动植物的图纸或照片，以便进行实地讨论。

现场活动有三个主要步骤：

（1）收集和识别资源。识别出不同使用"类型"的水。收集植物标本和可能的动物标本，并注明当地名称。参与者完成的任何相关图形或绘图都有助于练习。

（2）列出所有资源，以供下一步使用。与参与者核对该列表以确保其完整。采取适当的步骤（例如，对植物样品进行压制和编目）以确保在适当时可以将科学名称分配给每种资源。

（3）根据资源的相对价值确定资源的优先顺序。有很多方法可以做到这一点。例如，根据在前一步骤中产生的列表上的感知重要性，可以要求每个参与者投票选择他们的首选资源（1个参与者＝1个投票）。或者，他们可以共同参与完成优先级矩阵（表5-3），每个参与者进行一次输入。然后根据为它们制作的条目数简单地对资源进行排序。后一种方法允许围绕资源的使用及其整体使用程度进行讨论。＋符号的数量表示将资源排名为重要的参与者的数量。

表 5 - 3　　　　　　　　　　资源使用优先级矩阵的示例

使用类型	资 源				
	A	B	C	D	E
食物	++++	+	+++	+	+
收入	+				++++
药材	+++++			++	

矩阵可以被布置为交替排列，以便允许每种资源与其他资源的成对比较，以便说明相对重要性。

5.3.5　季节性使用

在确定了资源的情况下，下一步是在使用每个关键资源时与中心小组建立联系。通过讨论高流量和低流量，提供与河流流量制度的初步联系。在这项活动中，还考虑了洪水和干旱等极端气候事件对资源的影响。

在此阶段，制定联合降雨图表提供了一个有用的初始定位步骤（例如，使用相关高度的条形图来指示降雨量，绘制几个月的降雨量），并围绕相应的流量进行一些讨论。这样可以就"丰水"和"枯水"月份以及河流如何反映这些时期达成共识。

在描述资源使用的季节性方面，可以非常有效地使用图表或表格。例如，在夸祖鲁一纳塔尔省等季节性降雨量较大的地区，可以将信息分配到枯水期和丰水期。所使用的资源清单以及降雨和流量图可用于开发这些资源矩阵，以及当时使用它们的原因说明，见表5-4。这可能会在资源和水位之间产生联系，例如某些河岸树种只会在大雨之后结果。社会顾问和生物物理团队随后可以确定这种现象是否与具有一定规模的洪水有关。

为了满足不同的使用，并协助相互核对资料，在这项活动中，将参与者分成诸如男性和女性的群体可能是有用的。这是因为没有参与特定活动的群体可能对资源的使用时间和方式有不同的看法。然后可以要求小组彼此提出他们的研究结果，最后根据共识制定一个

表 5-4 用于实现资源的相对优先级排序和排名的成对排序矩阵的示例

资源	资源					
资源	种类 A	种类 B	种类 C	种类 D	种类 E	种类 F
种类 A						
种类 B	A					
种类 C	A	B				
种类 D	A	B	C			
种类 E	E	E	C	E		
种类 F	A	B	C	D	E	

注 每个资源相对于其他资源进行排名,并且对每个资源评分的这些成对比较的数量进行总计。在该示例中,A 得分 4,B 得分 3,C 得分 3,D 得分 1,E 得分 4 和 F 得分 0。这些总数可以用于资源的最终排名。在这里,资源 A 和 E 的得分最多,但是当相互排名时,E 相对更重要。

联合矩阵（表 5-5）。这用于避免任何一个参与者或群体在某种资源使用下不足或过度使用。

表 5-5 为每个使用类别开发资源使用和季节性图表的示例

资源		目 的	使用时	评论（与流量状况有关）
鱼类	种类 A	食物	旱季	容易在低水量中捕获
	种类 B	销售		
植物	种类 A	(1) 建筑材料;	雨季结束	(1) 在初始降雨后生长至全高后收获最佳;
	种类 B	(2) 销售;		(2) 当河流的水位达到一定高度时,树只结出
	种类 C	(3) 用于礼仪用途的水果		果实
	洪泛区	种植 X 型蔬菜	在 Y 季节种植 在 Z 季节收获	X 蔬菜依赖于春季的初期洪水

5.3.6 与流量的第一个联系：确定与每种资源相关的一般河流水位

这项工作和以下两项活动旨在进一步调查所用资源与河流流量之间的关系。

此活动涉及社交团队和关键中心小组。在稍后的研究工作中,它还涉及水力建模师和水文学家,他们将描述的水位与流量（水力模型）和各种大小流量事件（水文学家）的重现周期联系起来。

关键中心小组可采用多种方法来确定资源与河流流量之间的联系。在这种情况下,最容易理解的流量是水位。这里的关键因素是引入将流量与资源联系起来的概念,例如,哪些资源对低流量或高流量或流量变化"敏感",哪些需要特定流量。

这可以使用针对各种流量条件的资源矩阵来实现,例如高流量和低流量。资源对流量条件的敏感性将使用参与者的输入来表示,其方式与表 5-3 相同。另外,维恩图可能很有用。图 5-1 说明了具有编码和不同大小的圆的特定资源的存在和数量。资源之间的关系与资源和流量之间的关系由圆（资源）之间的距离和它们与中央框的距离（流量条件）表示。

图 5-1 中,字母表示资源种类,圆圈的大小表示资源的丰度,线条的长短表示对于

高流量的依赖程度。例如，在这种情况下，资源 F 不丰富（小圆圈）但非常依赖于流量（靠近中心矩形），而资源 I 丰富（小圆形）很少依赖于流量（远离中心矩形）。

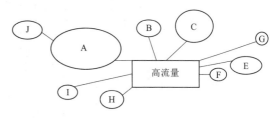

图 5-1 表示各种资源与高流量关系的维恩图

如果此活动在其中一个 BBM 站点进行，其中存在已建立的水力横截面，则可以要求参与者在这些断面上实际标出与所使用的每种资源相关的水平。标记这些水平，并告知水力建模师，以便它们可以转换为流量值。这可能通过定点摄影实现，但与测量师和水力建模师的讨论是至关重要的第一步。其他可能需要出席有关水位讨论的专家可能是鱼类生物学家（捕获鱼类）和植物学家（植被区域），同时希望其他专家尽可能提出意见。

如果活动不在具有调查横截面的 BBM 站点进行，则应与参与者商定河对岸的标准样带，并用于指定重要的水位。同样，应永久记录这些水平，并与相关生物物理专家讨论和量化他们的信息。

5.3.7 与流量的第二个联系：流量的数量和季节性

通过对与重要资源相关的河流水位进行一般了解后，可以从关键中心小组获得关于每种资源的流量重要属性的更多细节。该活动的重点是阐明不同类型的低流量和洪水的时间和规模可能如何影响资源，以及可能与不同的流量有关的其他优点和缺点。例如，参与者可能会指出初夏的初始小洪水在本季节后期会变为越来越大的洪水，这是维持资源的重要流量属性，但过大或过长的洪水可能是有害的。同样，社交团队会仔细记录所有的社区讨论。

季节性图表是有用的，因为它允许在年度流量状态上绘制资源的数量。然而，这可能是耗时的，并且应该限于关键资源的产物。此活动可以是资源与流量属性的图表，其中每个月流量和资源的丰富度通过例如条形图的长度直观地表示出来。

5.3.8 与流量的第三个联系：过去和现在的河流状况

在旨在建立资源与流量之间联系的最后一项活动中，研究了河流及其资源随时间的变化。关键中心小组和选定的村长与社会团队一起工作，调查所感知的变化是否与流量变化有关，以及它们是否导致资源使用模式的变化。讨论了任何变化的优缺点以及极端（干旱或洪水）河流条件的影响。尝试设置日期很重要，或者至少大致估计所描述的更改发生的时间。

为此，社会顾问促进围绕过去和现在的条件进行讨论。所有参与者之间的协议首先在日期上达成。例如，可以通过要求参与者将有关河流变化的信息与社区中每个参与者记得的一些重要事件联系起来。另外一种方法可以是使用（在这种情况下）历史横断面图，其中对资源绘制数年或数十年，表明资源的丰富度随时间变化（表 5-6）。可以创建一个图表，该图表对干旱年份、"正常"流量和洪水年份中每种资源的丰富度进行排序。

表 5 - 6　　　　　　　　　　　　资源丰富度的历史图表（样表）

年代	资源 A 的丰富度	资源 B 的丰富度	帮助定位参与者的历史事件
	&.&.&.&.&.	&.&.&.&.&.	
	&.&.&.&.&.	&.&.	
	&.	&.&.&.&.	
	&.	&.&.&.&.	
		&.	

注　总结了一段时间内的变化，并就这些变化可能的原因进行了讨论。资源丰富度由 "&" 符号的个数表示，范围为 1~5。

同样，通过河道样带的讨论和指示，参与者可能希望说明这些年来流量如何变化以及资源如何伴随流量的变化而变化。他们还可以分别讨论丰水期和枯水期的资源变化情况。最后，一旦描述了变化，他们就可以提出这些变化的潜在的或明显的原因，例如可能已经注意到与大坝建设有关的变化。水文情势和任何描述的资源变化应尽可能与历史流量记录相关联。

5.3.9　确定河流的理想状态

为了使社会顾问能够充分地代表社区参加 BBM 的所有进一步阶段，有必要在之前的活动中就河流的条件建立一些共识。应该注意不要造成人们这样的印象，即人们可以拥有他们想要的任何类型的流量。讨论应该更多地关注所使用的各种资源的重要性，它们与流量属性的关联，以及这些资源中哪些在未来是最重要的。

从本质上讲，这涉及社区的"迷你版 BBM"方法，其中识别了流量块并定义了某种流量方案。年度时间线是一种有用的工具，可以根据主要原因确定每个月所需流量的范围。让参与者总结每个关键中心小组的调查结果，然后在最后一次全体会议上将这些结果呈现给其他小组，这可能是有用的。这也有助于对最终的信息进行质量检查。

5.3.10　与结构单元法专家团队交叉核对信息

在 BBM 研讨会上展示上述活动的数据之前，将与团队中的相关生物物理专家核对这些信息。这确保了社区参与者提供的数据与其他专家组提供的科学信息之间普遍一致。但这也可能会突出显示信息冲突的区域，例如物种识别不正确，需要对相应的社区参与者进行重新检查。所有社会对河流生态系统功能的看法，例如对某些鱼类繁殖都很重要的洪水，都要与专家一起检查，以确保所用信息的一致性。

为了便于检查，可以列出所使用的资源以及与每个资源相关的流量要求的注释。然后，相关专家应该研究此列表以查找异常情况。当出现所有社交信息似乎与现有专家数据冲突的情况时，应寻求原因，并就如何使用社交数据做出最终决定。

5.3.11　最小和理想数据集

一般而言，一方面，对于最小数据集，上文中所描述的活动提供的详细信息仅限于社区认为最重要的物种或活动。另一方面，理想的数据集应尽可能包含全面的列表。就第 5.3.6 节~第 5.3.8 节中的活动而言，如果在 BBM 站点处理这些方面的问题，则会产生理想的数据集，这些站点都有调查过的横截面。但是，后勤保障方面的限制可能会排除这种可能性。

5.4 研讨会的拟议文件

文件包括：

（1）引言。

（2）职权范围。

（3）目标和关键问题。

（4）研究区域。

（5）采取的方法。

（6）结果：

1）一般数据。

2）中心小组数据。每组数据应包括：

a. 该组使用的资源的一般描述。

b. 每种资源的位置和范围。

c. 资源的优先次序。

d. 每种资源的主要用户。

e. 每种资源的季节性和可用性。

f. 流量与每种资源的可用性之间的关系。

g. 预测每种资源可用性的长期变化。

（7）预测河流的未来状况。

（8）讨论和结论。

（9）参考文献。

5.5 研讨会的任务与责任

作为最低要求，社会顾问和团队都应该具有社区工作的培训和经验，特别是参与式研究方法的使用方面。如果社会顾问在自然资源利用领域具有一些先前的研究知识和经验，并且他与河流生态学家和水文学家合作，那么所收集信息的质量将大大提高。

在研讨会上，社会顾问有责任描述过去的问题、未来需求和潜在的河流资源冲突领域。还应解释将研究结果外推到研究河流其他地区或社区的有效性。

从本质上讲，社交组件是 BBM 其他方面的集成，因为它包含有关系统的非生物和生物方面的信息。在这方面，进一步的责任包括与其他专家对社会信息的最终交叉检查。

研讨会后的任务与职责：社会顾问的主要职责是确保将研讨会的结果反馈给参与研究的参与者。此外，在研讨会之后，任何后来的方案会议都应该用于向社区介绍未来河流的各种选择。

社会顾问应该完成以下任务：

（1）了解 BBM 的概念和原则，并设计一项研究以促进其应用。

（2）了解研究领域的范围并实现以下研究目标：

1）描述河流农村社区使用的河流和河岸资源的类型、多样性、范围和季节性，并进一步描述用户群。

2）与用户群体和整个社区一起估计资源对当地社区的相对重要性。

3）将资源的可用性与河流的流量联系起来。

4）确定这些资源的可用性如何随着时间的推移而发生变化，如果这些变化可以与流量制度的变化联系起来。

5）确定过去十年左右经历的与河流有关的问题。

6）根据上述数据，与社区一起确定河流未来可接受的条件。

（3）使用参与式方法，如果使用替代方法，则证明这一点并确保主要顾问同意。

（4）以这样的方式收集数据，即可以与 BBM 团队中的其他专家建立必要的链接。这将涉及在进行项目之前与这些专家进行初步磋商，并尽可能将其纳入实地工作。

（5）与专家团队整理和交叉核对数据。

（6）撰写研究结果报告，并在 BBM 研讨会上展示研究成果。

（7）确保将研讨会的研究成果和产出反馈给社区。

5.6　潜在的缺点

关于使用河流资源的问题很复杂，需要对社区和社会顾问的各个部分有清楚的了解。研究团队明确的准备可以预防许多潜在的问题。可能出现的一个主要问题是提高期望，这是与社区，特别是贫困农村人民进行任何工作的现实问题。需要开发技术和交互技术，以便对研究的内容有一个清晰的、共同的理解。这种理解取决于是否明确说明研究目标和允许采用足够时间进行互动。更重要的是，参与式技术应该是愉快的，因为享受过程是获得高质量信息的重要组成部分。此外，PRA 方法的许多原始和转录产品，例如地图和图表，可以在反馈环节中返回社区。

在整个研究过程中，已经提出了提供生态专业知识的问题。排除这种专业知识的危险在于，在每个步骤中都无法核实活动期间提供的大量信息。如果以后发现异常，可能很难返回社区并咨询原始参与者群体。因此，将生态学家排除在社会团队之外可能是一种错误的经济做法，因为成本的降低可能会因数据质量的损失而抵消。

由于大量的复杂信息被相当集中地收集，另一个潜在的缺陷是"研讨会疲劳"，这可能导致有价值的参与者离开。顾问应该意识到这一点，并做好充分准备，使研讨会尽可能简单和直观。

5.7　进一步发展

5.7.1　量化所用的资源

实际上，上文概述的社会评估提供了对社区可用的和对使用河流资源的快速、定性的基线评估。

更全面的评估将包括资源基础和所用资源的定量数据。这些信息极大地提高了后续监测计划的质量，因为要实现的目标是以可衡量的术语来定义的。有相关学者指出鉴于水资源开发的速度和其无处不在的性质，尽管南非莱索托高地水利工程的生态流量评估确实提供了这样的定量数据，但这一细节超出了目前大多数生态流量评估的职权范围（Metsi Consultants，2000）。

在今后的工作中应不断努力提出这些问题的改进方法。如果社会和生物物理团队有足够的准备时间，那么概述的社会评估有助于纳入经验方法，既可以量化资源基础，也可以量化资源量，即使只有一个季度。这些信息不仅可以为生态管理等级和监测计划的审议提供更好的投入，而且还可以为自给自足的社区带来环境变化的经济影响。

5.7.2　评估流量调控对社区的全部社会影响

流量相关的河流状况变化影响农村社区的生活质量。许多河流资源被用于维持生计，或出售以获取收入。虽然关于地面资源的使用和损失的定量信息表明社会和经济影响可能很大，但失去这些河岸资源的真正影响仍然在很大程度上未被记录并且很少被知道。值得注意的是，针对农村社区的大多数社会研究工作都是针对本地林业的，对于诸如渔业或湿地之类的流入资源很少，几乎没有人专注于河岸带（Metsi Consultants，2000）。因此，从比河流本身更广泛的研究中推断出许多信息，这些数据的空间细化将为 BBM 过程提供更准确的评估。

在没有这些知识的情况下做出的关于水资源开发的决定可能会对河岸社区的预期影响下产生偏见，或者可能会忽视这些决定。由于其脆弱性，确定他们使用的河流资源的社会经济价值应该是任何生态流量评估的一部分。只有到那时，人们才能理解水开发的全部成本。这样的生态流量评估需要将一系列关键组成部分联系起来，包括资源基础变化对人民生计的健康和经济影响，以及社区内社会动态的变化对获取资源的影响。目前，在广泛的资源评估规则下，评估所使用的环境资源的经济价值的方法是可行的，应该纳入 BBM。但还需要进一步发展各种方法，以确定生物物理专家描述的河流变化将如何影响沿岸社区的健康和生计。

5.7.3　在社区内评估河流的预期状况

社交团队面临的主要挑战之一是促进对河流的理想状态的描述，其整合了整个研究中参与者提供的所有信息。以前的研究表明，参与者发现难以为所有用户组提供一种单一或集体解释水文情势的弊端，更不用说许多潜在的水文情势。在某些敏感的情况下，这尤其困难，因为其中一项好处似乎破坏或排除了另一用户组的需要。未说明的社区动态和权力关系可能会进一步加剧这种限制，在社区内只有少数有权势的人才能获得预期的收益。

5.8　监测

任何综合生态流量评估的关键步骤是监测所选水文情势的功效。监控程序的目的不是预测所有可能的未来变化，而是确定关键变化及其原因。

有效的监测计划应整合生物物理和社会方面，并在可能的情况下提供量化数据：①资源基础的变化；②改变资源使用模式；③这些数据的社会和经济后果。

设计该程序时需要考虑的重要问题有以下内容。

5.8.1　资源库的更改

在社会评估中确定的关键资源应由生物物理小组跟踪。例如，如果流量的变化减小，河岸植被区域的大小可能会减小。应记录关键物种或其他资源丰富度及其使用的结果。

5.8.2　改变资源使用模式

应设计监测计划，以区分与流量相关的资源的使用变化与其他原因。例如，减少药用植物的使用可能反映了许多原因。这可能是由于该物种的丰富度减少，或者一个巧合的健康干预，能为人们提供新的药物来源。

该计划还应有助于评估资源变化是否与预测一致，谁受影响最大，以及是否需要补偿或缓解措施。

5.8.3　改变资源使用模式的社会和经济后果

需要由社会专家制定方法，以正式使用后河流变化的生物物理预测来预测随之而来的社会后果。目前，任何定量的生物物理预测都可能由社会团队使用专家意见来解释。

当前在自然资源利用和管理领域的思考倾向于强调量化项目区自然资产的经济价值的重要性。言外之意，即量化由于流量变化而损失的资源的经济价值，因此提供了足够的手段来衡量河流资源变化的社会经济后果。然而，资源经济学只是更广泛的相关问题的一个组成部分。除其他外，应考虑三个关键问题，为监测流量变化的社会影响监测计划的设计提供信息。问题是：与健康有关的影响；经济影响；通过改变对资源的获取来改变社区的社会动态。

重要问题可以指导这种监测。首先，河流资源作为营养来源有多重要？沿岸居民及其家畜目前的健康水平如何？这种情况如何随着流量的变化而变化？该地区的诊所和其他卫生服务或研究可以提供宝贵的历史信息。例如，该地区的一般健康记录提供了对当前疾病水平的评估，并且可以将沿岸社区与水有关的疾病未来任何的变化与这些变化进行比较。其次，从经济角度来看，由于人口流动的变化，人们的生计是改善还是下降？

根据河流生态系统的使用和非使用价值计算的总经济评估将提供最全面的评估结果。即使在更有针对性的研究中，在节约成本（替换成本）方面使用的货物价值，或通过交易货物作为额外的家庭收入，也需要考虑，并且在进行此类工作之前应寻求该领域的适当专业知识。最后，重要的是要解决由于改善或减少对某些资源的获取而导致不断变化的社区社会动态。关于社区内某些个人或团体所获得的利益的紧张关系无疑会影响人们对改变水文情势的感知影响。例如，有影响力的非用户对金钱补偿的看法可能会扭曲水文情势改变的实际影响。在监测阶段跟踪这些类型的问题至关重要。

5.9　结论

如果要为 BBM 应用的社会评估收集部分有意义的数据，建议采用参与式方法。这克服了传统方法中许多限制因素，即社会顾问提出的问题仍然是抽象的，这是非常现实的危险举指。这里描述的方法提供了许多步骤，以及用于解决每个步骤的合适工具。希望这将成为社交团队的一个有用的指南和思想来源。但是，参与式技术中有许多工具可用，并且有许多不同的方法可以达到预期的效果。

总体方法旨在对流量变化对农村社区生活的影响进行定性评估，但也可以有效地扩展到包括定量方法。通过充分的准备和与生物物理团队的整合，可以量化资源的可用性。对该方法的有益改进将是进一步开发该方法，以提供关于水文情势变化对受影响社区的健康、社会经济概况和社会动态的影响的信息。

最后，制定监测计划的过程应该是迭代的。其他投入和发现将改善研究人员目前对沿岸人民生计需求的理解，以及生计安全与自然资源之间的关系。

第6章 水文学

6.1 背景信息

水文情势对于河流的运作至关重要，尽管其影响的性质因非生物和生物环境的组成不同而不同。水文情势包括并描述了河流水文特征的所有方面，可以在几个时间尺度上查看。在多年的时间范围内，水文情势能够反映流量的年变化以及这种变化的周期性程度（例如，河流是否经历了低于平均流量的延长时期，几次是高于平均流量的时期）。在几个月的范围内，水文情势能够反映流量的季节分布以及在枯水期和丰水期分布的一致程度。例如，干旱年份的特征可能是一些丰水期流量以及枯水期流量不足的基流。或者，干旱年份的水文特征可能是在丰水期流量不足而枯水期流量充足。在这种规模下，识别河流是永久性流量（多年）、季节性流量（间歇性）还是短期流量（例如瞬时流量等）也很重要。以天（或更短的时期）为单位时，水文情势能够反映例如洪水事件开始时的流量增加率和最后的减少率或衰退率。它还反映了预计在一年中的任何时间发生事件的数量及其大小（峰值、数量和持续时间）。极端干旱和洪水的时间、频率和持续时间也是水文情势的重要水文特征。

这些不同的水文特征直接影响河道和河岸环境中发生的生态过程和地貌过程。有些河流特征与水文情势某些方面的关系比与其他方面更密切。例如，河道的形状和大小很大程度上取决于洪水状况，而许多鱼类的产卵与淡水量的出现有关（干旱季节流量较大的小脉冲）。虽然河流的自然水文情势主要取决于气候和流域特征，但河道和河流生态系统过程也可能直接影响水文情势本身，从而形成反馈机制。后者的实例包括河道传输损失，即从河道进入河床或水库的损失。这些受到湿周和河岸植被特征的影响，而这些特征又受到水文情势改变的影响。

我国现在大多数河流都受到水资源开发和土地利用变化的影响，但仍有少数河流保持自然水文情势。因此，有必要区分自然和改变的水文情势，并确定改变是否在不断变化，以及它们发生的时间尺度。后者很重要，因为许多生态系统河流过程可以缓冲流量变化，因此次要影响可能滞后于水文情势变化。例如，由于水文情势固有的自然变化，流量的短期减少可能在河流的标准范围内，并且不会导致不适当的生态系统响应。但是，如果在经改变的水文情势下持续减少这种流量，就可能发生实质性和永久性的生态系统变化。

在本节中，通过以下方式识别自然和经改变的水文情势：

（1）自然（原始的）——没有人为影响的水文情势。

（2）历史——过去经历的水文情势，其中可能包括高度可变的人为改变，而不是固定的、当下的改变。

（3）现在——基于固定的、当前的人为影响水平（例如土地利用变化、取水、回流、水库）的水文情势。

6.2 简介

河流的水文功能本身并不重要，但是，它能反映出不同水文情势对河流生态功能的影响。因此，水文信息可被视为"服务"数据。在 BBM 中，这些"服务"数据的目的是尽可能完整地描述河流的水文状况，包括其自然和改变的特征。这将使河流生态系统的其他组成部分处于正确的环境中，并能更好地了解在特定地点间水文学与其他河流过程之间的关系。然而，这些关系是复杂且难以理解的，并且如果准备应用 BBM 的时间有限，则可能无法准确地建立这些关系。

参加 BBM 研讨会的许多其他专家可能不熟悉水文数据和水文学家使用的分析方法。因此，以易于理解的清晰方式呈现信息非常重要。视觉信息，如水文图和流量历时曲线，通常比数字数据更容易被接受和理解。

水文数据通过衍生的水力关系与其他生物物理知识相关，通常通过水深、流速与流量之间的联系建立关系。这些关系是使用短期流量数据得出的，这些详细的水文数据集很少能容易地获得，模拟困难且耗时。可以访问日平均流量的时间序列，但通常只有月平均流量可用。后面的这些数据很可能已被编制用于所设计的水资源计划的输出分析，并且可用于描述小流量变化（枯水期）的时期。然而，它们在雨季或正常季节几乎没有价值，因为它们没有描述洪水和低流量的细节。对于这些季节，每日数据都是必需的。

通常的做法是使用 BBM 对河流的自然水文情势进行流量评估，即在上游开发所产生的影响被消除的基础上，假设这是未来改变的水文情势应该与之进行比较的条件。这是一种合乎逻辑的方法，因为河流的指定生态管理等级可以从完全自然（原始）到严重修改。如果将生态管理等级设置在更接近自然水平的情况下，仅考虑当前的制度是不合逻辑的，这是因为没有关于流量自然上限的信息来指导关于如何改善水文情势的讨论。理想情况下，应提供有关两种制度（自然和当前）的信息，以便可以根据当前和过去的水文情势有逻辑地描述新推荐的流量状况。这可能是基于这样一个前提，即很难确定天然河流环境会是什么，因为它超出了当前的人类经验。因此，通过对当前和近期河流功能进行任何评估而构成生态管理等级的基础，都可能会忽略多年前发生的变化。在这些情况下，必须决定是应将自然水文情势还是改进水文情势作为参考条件。

6.3 工作流程

如上所述，所需活动的确切性将取决于可用观测数据的适用性。但是，可以做一些一般性陈述。所有的水文工作都可以作为文案研究进行，并且水文顾问最好熟悉该地区，或者在现场花费很少的时间熟悉每个 BBM 站点上游流域的特点。建议所有活动由一个经验丰富的水文小组进行。这确保了对数据本身、其来源、限制条件、所使用的分析技术及其局限性的充分理解得以保留，并可根据需要传达给其他专家。在认为有必要进行建模研究的情况下，只要将结果的局限性报告给主顾问、单独的专家组或个人就可以进行这些研究。

在可能的情况下，目标应该表征自然和当前的水文情势并突出它们的差异。尽管在某些情况下，自然和历史数据集之间的比较可能更合适，更容易实现。由于河流的流量变化历史悠久，还存在自然水文情势很难确定并且可能不是特别相关的情况。

6.3.1　收集水文资料

大多数国家或地区都有流量数据的国家存储库。我国大多数河流设有水文测量站，这些监测站可以提供详细信息，例如它们的位置、流域和记录长度等。一旦确定了BBM 站点的大致位置，便可以初步选择合适的数据。还必须从数据库管理器获得对测量数据准确度水平的明确评估。可能还有关于上游取水程度的信息，可以是取水量的时间序列，也可以是其他出版物中包含的数据。在对受上游水资源开发影响的河流流量记录进行自然化处理时，任何记录的来源都是有用的。可通过水文站提供的资料信息获得河流自然水文情势的初步印象。这些可以与水位-流量额定值曲线结合使用，以确定洪水事件的时间和形状特征。通常从每日流量记录中选择所需要的特定时间段，因为完整的数据集很大并且难以处理。在其他国家，此类详细信息的可用性将取决于测量方法和原始数据的存储方式。

如果可能需要降雨-径流模拟方法，则应联系负责气象数据的相关国家机构以获取降雨数据。有关降雨-径流模拟可以请相关专家建模，这里没有提供关于如何选择降雨站的进一步细节，这是因为有经验的建模者将进行这项工作，并且他们知道适当的建模程序。同样，也必须收集有关蒸发和流域特征的适当数据。

6.3.2　最小和理想数据集

如前所述，BBM 应用的理想数据集是在每个 BBM 站点测量或接近测量的观察流量数据的每日时间序列。数据集应足够长，以满足表示自然水文条件的范围（干湿极端情况）。如果观测数据只能代表从自然状态到严重改变的水文情势，则可能需要模拟自然和当前条件的并行数据集。建模也可能是扩展短期理想数据集长度所必需的。

鉴于此类信息，假设适用于时间序列分析的软件可用，则表征水文状况是一项相对简单的任务。但是，由于大多数的流量测量站点密度较低，通常不可能选择与测量站点重合的站点。即使在重合的情况下，被记录的某些部分也可能受到上游的影响，因此数据可能无法代表自然条件。例如，在南非自然流量特征最完整的参考源是 1990 年南非的地表水资源（WR90 - Midgley 等，1994）。然而，这些数据（模拟 1920—1988 年）是基于月流量并以相对粗略的地理尺度（使用 30 平方公里和几百平方公里之间的流域）呈现的。

1. 在站点或其附近观察到的数据

如果数据集很长，足够完整并且代表自然条件，那么就不需要进一步的准备。如果数据集代表自然条件，但不是很长或足够完整，那么只要有较长的记录可以从附近具有类似水文情势的流域中测量获得，就可用于修补和扩展（Hughes 和 Smakhtin，1996）。或者，可以针对观测数据校准每日时间序列模拟模型（随机或确定性），然后用于模拟更长的数据序列，并提供了一种使用确定性降雨-径流模型的方法（Hughes 和 Sami，1994；Schulze，1995）。后一种替代方案是一种特别耗时的方法，如果存在时间限制，这可能是不合适的，因此如果可以使用更简单的技术则应该避免替代方案。

如果有足够长的时间序列数据，但不是自然的，则可能需要对自然和当前水文情势进行估计。仍然可以使用简单的或者复杂的建模方法，最终的选择通常基于可用的时间资源。

2. 在同一条河上观测到的但远离该站点的数据

这是一种相当普遍的情况，有几种选择，这取决于数据集的长度以及上游影响的完整性和程度。可以使用上文中概述的相同方法对观察到的数据进行任何必要的归化、修补和扩展。然后有必要对感兴趣的站点进行地理插值。这通常可以使用线性插值或非线性插值方法来完成。各种非线性方法是可能的，这取决于对两个站点处方案之间的差异已知或可以推断的程度。实际上，不同方法都会对不同流量或在一年中不同时间发生的流量应用差异比例因子，这些差异比例因子的确定依据是对两个站点之间支流流入特征的了解。

3. 邻近河流的观测数据

该数据方案的方法与前一个非常相似，不同之处在于需要非常谨慎地确保可以实际应用相对简单的比例因子（线性或非线性）。如果两个站点的流域差异很大，尤其需要科学地确定比例因子。区域月度数据可以帮助确认或否定每月的数据，并且可以使用所有流量测量记录的区域分析来评估不同规模的流域水文情势特征的一致性程度。

降雨-径流模型选项也可在前两种方案下使用，方法是根据附近可用的观测数据校准模型，然后应用参数传递技术在目标站点开发流量时间序列。

4. 在站点附近没有观察到的数据

这是最困难的情况，因为几乎没有可用于评估任何模拟质量的信息。最简单和最短的方法是使用任何可用的数据模拟月度数据量，以及将这些流量划分为日流量信息的一些合适方法（Schultz 等，1995），并且正在进一步研究以改进这些方法。另一种选择是降雨-径流建模方法，尽管这是耗时的，并且没有可用的观测数据来校准或验证结果。

方法的最终选择将取决于观测到的流量数据的可用性和质量，以及可用于辅助支持模型研究的数据（例如流域特征、取水量）数量。如果后面的数据不是很详细，那么很难对复杂建模方法的结果保持高度的可信度，而更简单、时间更少的方法可能更合适。

6.3.3　为每个站点生成合适的每日流量曲线图

如前所述，根据观测数据的性质，这项活动可以采取几种不同的形式，但它可能是整个水文学研究中最关键且通常最困难的活动。如果需要建模或相对复杂的空间外推方法，则只应让具有适当经验的那些团队或个体进行研究。不需要某种建模方法就可得到合适的数据是罕见的，因为每个研究站点的观察数据很少都支持 BBM 研究。同样，在大多数情况下，某种形式的数据归一化将是必要的。对可用记录进行区域评估，特别是年度和季节性非维度历时曲线的特征，决定使用哪些数据以及如何处理它们以获得代表性站点时间序列的最佳结果，可能是一项有价值的工作。将每日观察数据的特征与任何可用的自然月度数据进行比较，还可以提供关于观察到的数据需要归一化程度的有价值信息。然而，应该始终认识到，如果还需要模拟月度数据，则它们会产生一定程度的不准确性，而观察到的数据也可能受到不明确的错误或人为影响。虽然这些建议可能意味着最初调研时需要收集更多的数据，但现代水文软件允许快速汇总大型数据集，并且少量额外的时间可以节省更多时间。

一般来说，很难提供关于具体选择方法的明确指南，并且足以说明结果应该是在数据和时间限制下可以实现的最佳结果。水文专家很可能会使用他们最熟悉且最有可信度的技术。因此，主要考虑的是选择在该领域具有足够经验和学识的研究人员，为此目的或相关目的开发技术。不同的组可能使用不同的技术，但在给定相同的输入信息的情况下应该得出类似的答案。最终结果应该是生成足够长的时间序列，以表示感兴趣的位置处的自然和修改的水文情势。时间序列的长度将取决于制度特征，并且对于更多变量制度，序列应该更长（可能大于 30 年），目标是能充分代表丰水期和枯水期。

此活动的主要步骤总结如下：

（1）识别和量化对观察到的水文数据的任何人为影响，包括数据会产生的非平稳现象的说明。

（2）进行区域分析，确定研究区域内水文情势特征的空间变异性，并将第一步的结果考虑在内。本练习将有助于确定观察到的 BBM 站点观测数据是否具有代表性。

（3）选择适当的空间外推法，数据表明这种方法是令人满意的。使用所选方法为每个站点生成时间序列（涂异等，2018；邵年华，2010），并根据需要进行调整，以表示自然和当前条件。

（4）如果上一步不太可能成功，请设置、校准和验证降雨-径流模型。经过验证，生成两个足够长的时间序列的流量，用以表示自然和当前的条件。

6.3.4　编制研讨会拟议文件中的水文数据图

有许多不同的方式来显示图表或编制时间序列数据表来说明河流的状态特征。所有这些方法都是有用的，并且各个方法经常相互补充。如果全部使用 BBM 研讨会的拟议文件则将占用太多空间。因此，最好的方法是包括一些说明不同地点和时间尺度状态的基本特征，并在研讨会上提供其他信息。

拟议文件的水文部分应首先简要描述数据源，其质量和限制以及用于生成 BBM 站点的流量时间序列的技术。与此相关的应该是对主要人为影响、它们的已知历史以及它们对河流流量影响程度的描述。其还必须包括一个示意图，显示主要河流和主要支流、测量地点、大坝或取水地点以及 BBM 地点，如图 6-1 所示。关键点的当前和自然、平均和年径流中值也应在图上提供。

应尽可能包括以下图表或表格：

（1）年流量（自然、当前或历史）的年度图，以说明年流量状况的变化，并准备好识别干湿年，如图 6-2 所示。

（2）流量（自然、当前或历史）的季节分布，如图 6-3 所示。

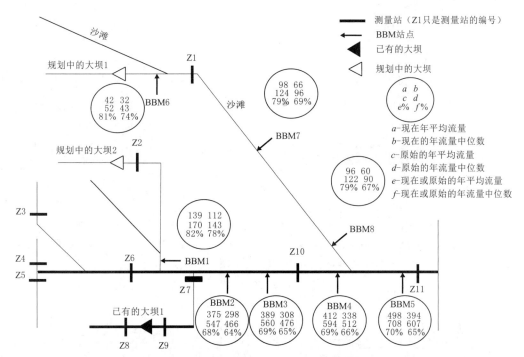

图 6-1 萨比河 BBM 站点研究示意图，显示了流量测量站点、BBM 站点和现有或规划的主要大坝（DWAF，1996）

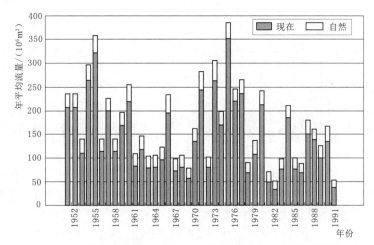

图 6-2 Marite 河（Mpumalanga）BBM 站点 1 的年度现在和原始流量（DWAF，1996）

（3）针对自然和当前或历史条件的一年一度流量历时曲线。应使用对数垂直轴，以便可以轻松识别高流量和低流量的范围，如图 6-4 所示。各个日历月的流量历时曲线也非常有用。

（4）干湿年（自然和现在或历史）每日流量年度时间序列的示例。这些允许研讨会参与者在不同气候条件下可实现对河流的短期基流响应和洪水事件特征的可视化，如图 6-5 所示。

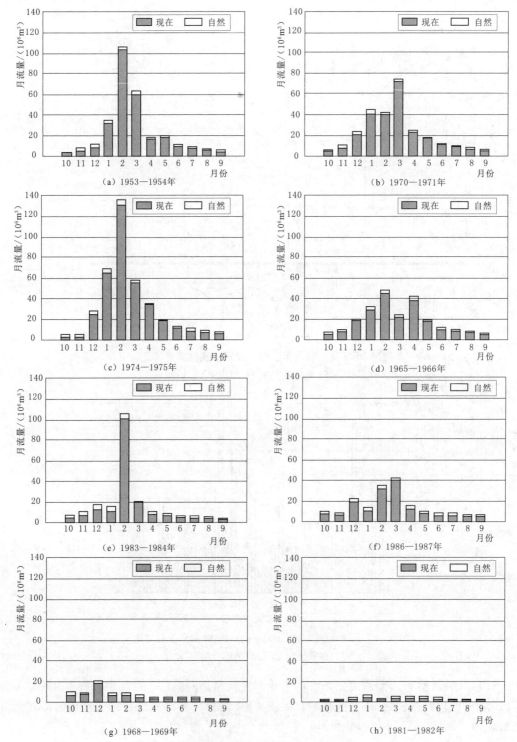

图 6 - 3（一）　Marite 河 BBM 1 号站点的三个丰水年（1954、1971、1975），
三个平水年（1966、1984、1987）和三个枯水年（1969、1982、1991）的
自然和当前流量的月分布（DWAF，1996b）

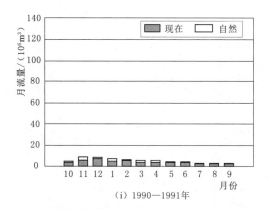

(i) 1990—1991年

图 6-3（二）　Marite 河 BBM 1 号站点的三个丰水年（1954、1971、1975），
三个平水年（1966、1984、1987）和三个枯水年（1969、1982、1991）的
自然和当前流量的月分布（DWAF，1996b）

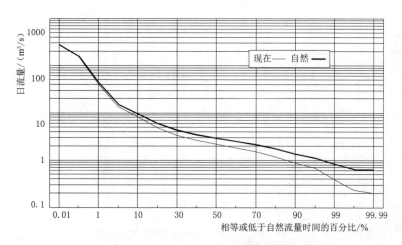

图 6.4　Marite 河 BBM 站点 1（DWAF，1996b）的现今和
原始水文情势的日流量历时曲线图

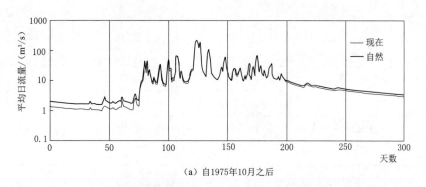

(a) 自1975年10月之后

图 6-5（一）　Marite 河 BBM1 号站点，一个湿年（1975）和一个旱年（1982）
（DWAF，1996b）的当日和原始日常时间序列

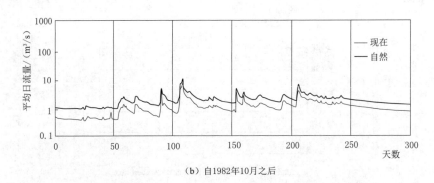

（b）自1982年10月之后

图 6-5（二） Marite 河 BBM1 号站点，一个湿年（1975）和一个旱年（1982）

（DWAF，1996b）的当日和原始日常时间序列

关于洪水事件的峰值、持续时间和形状的一些信息可以包含在一个表中，该表量化了一年中每个月的基流量、高流量事件的预期数量、峰值流量范围和事件持续时间，见表 6-1。然后，该信息可以与水力数据结合使用，以更好地理解河道的不同部分被淹没的频率。出于同样的原因，还有必要尝试估计一些具有更大重现期的洪峰（即洪水，其重现期为 1 年、2 年、3 年、5 年和 10 年）。在某些情况下，可以获得基于短于一天的事件的洪水水文图示例，并且可以包括这些示例。这些有助于描述洪水事件的特征（持续时间、峰值流量、衰退率）。

表 6-1　　　　某流域 BBM 1 号站点 10 年（自然条件）的流量数据汇总样表

月份	基流范围/(m³/s)	事件数量/个	峰值范围/(m³/s)	持续时间/d
1				
2				
3				
4				
5				
6				
7				
8				
9				
10				
11				
12				

每年的记录、每年每个月的最低排名、平均和最大日流量表都已用于以前的一些研讨会文件中。然而，目前尚不清楚参与者在何种情况下更青睐这种类型的表格信息，以及类似信息的图形显示，例如时间序列图、箱线图和流量历时曲线等。

6.3.5 研讨会的准备

生成每日时间序列后，BBM 研讨会的主要准备工作是确保提供必要的交互式时间序列数据分析和显示软件，并在研讨会期间能有效使用。如果无法做到这一点，那么在研讨会之前需要付出更多努力才能生成摘要信息的纸质副本。可能需要以下图形或表格信息（有关一些分析程序的更多详细信息，可参考 Smakhtin 和 Watkins，1997）。

（1）年流量图。

（2）一年时间内平均每月流量的季节图，以便可以看到流量对不同气候条件响应的季节性模式。

（3）一个或多个站点的每日时间序列集合，覆盖从一至两个月到十多年任何长度时间段进行比较。理想情况下，这些图应该是可扩展的，以便可以把重点放在低流量或高流量的细节上。应该允许专家查看一些有代表性的时间序列，并作为一组趋势或特定的制度特征进行讨论。理想情况下，显示应包括每个确定季节的几年数据图，分别绘制枯水期、丰水期和平水期。

（4）同一站点每日时间序列的几个图表，但是来自不同年份的相同月份或季节数据。然后可以在丰水和枯水年份之间以及通常在枯水、正常或丰水年份期间发生的条件与这些条件的变化之间进行比较。与其他时间序列图一样，这些图应该是可扩展的。该信息有助于确定某些条件或事件占优势的频率。例如，它可以包括雨季的第一次小洪水事件发生的日期范围以及在干旱期间这种情况发生的频率。它还可以说明一年中主要流量事件发生的月份，或雨季期间基流不增加的可能性。

（5）年度数据、月份或个别月份的流量历时曲线图。历时曲线可以使用单独的每日值或某些间隔（常见的 7 天和 10 天）进行绘制，以允许短期平滑波动。一些水文学家评论说，基于非连续数据编制流量历时曲线（例如仅使用 1 月份的数据）并不是严格的正确程序。但是，如果它被认为是某个流量（在所选月份中确实发生的时间）等于或超过的时间比例的图表，那么可以认为它是一个合法的分析工具，对于 BBM 的目的非常有用。将这些数据与水力数据相结合，可以提供有关河道的不同物理和生物特征在一年中的不同月份被淹没频率的信息。

（6）流量历时曲线分析忽略时间序列，不提供有关某些量级流量持久性的信息，但仅提供它们发生频率的信息。因此，流量历时曲线分析非常有用，它们确定了时间长度，以及流量可能保持低于或高于规定流量阈值的频率。例如，流量历时曲线分析可以显示 85% 的时间超过了哪个流量；这意味着，在 10 年期间，低于该特定流量 15% 的时间，大约为 547 天。运行分析将提供有关这些低流量时间段是否经常持续时间相对较短或持续时间较长的信息。

（7）低流量频率分析确定每年记录中的最低流量（在规定的持续时间内），并在给定的重现期内量化预期的低流量。为了成功地工作，特别是对于较长的重现期，需要相对较长（>30 年）的时间序列，并且了解该地区极端价值的最佳理论分布。这些分析可以使用全年、季节或单个月的数据进行。

（8）洪水频率分析也可以采用与低流量相似的方式进行。但是，应该注意主要将流量数据存储为日平均流量，并且不记录瞬时峰值。对于洪水持续时间较长的大型河流而言，这可能不是一个关键问题，但对于较小的河流或具有"华而不实"洪水制度的河流来说可能是重要的。短期河流可能会有持续一天或更短的洪水事件，因此月平均数据不足以评估峰值流量。在南非，一些测量站也可以获得瞬时洪峰的数据库。然而，许多仪器无法准确地监测非常高的流量，而且在 20 世纪 60 年代之前的数据主要基于手动的每日平台读数而不是连续记录。对于洪峰分析，这些数据不能被认为是可靠的。有关瞬时峰值的数据主要用于地貌目的，但值得记住的是，在就未来流量提出建议时，可能需要进行河道维护的大洪水一般不容易从主要以供水为目的而规划的水资源计划中发出。

相关研究人员已经开发出 IFR 模型（Hughes 等，1997）和 DAMIFR 模型（Hughes 和 Ziervogel，1998），用来评估 BBM 研讨会中的水文数据输出结果的科学性和合理性。这是基于推荐的流量和大坝流量的操作规则集成修改的时间序列来完成的。如果要在研讨会期间校准和运行一个或多个模型，则需要准备数据和模型参数文件。IFR 模型生成流量释放的时间序列，其独立于对计划的水资源开发及其运行的考虑，即仅考虑来自研讨会推荐的水文情势。建模工作需要许多输入：

（1）参考每日时间序列的流量，可以表示 BBM 站点中气候控制流量变化。这应该是一个时间序列，也可以在未来期间生成，并反映用于在研讨会中建立流量要求的相同参考条件。它不必代表站点的实际流量，并可能是观察到的记录或模拟数据。

（2）初始操作规则的数据文件，用于确定干旱时期之间的维护及以上流量条件何时在修改的时间序列内发生。修改这些规则，以获得专家可接受的流量变化模式，是模型校准程序的目标。

DAMIFR 模型考虑了满足水资源计划要求和生态流量需求（由 IFR 模型输出定义）之间可能存在的冲突。还有许多其他信息要求：

（1）建议大坝每日流量的时间序列，以及沿坝址和 BBM 站点之间河道的入流流量的时间序列。

（2）有关水库规划库容的信息，以及可能的取水需求，包括季节性分布。在估计蒸发损失时，还需要有关水库的表面积-体积关系的数据。

（3）潜在蒸发值的每日时间序列或季节性分布。

（4）对原始水库调度规则的数据文件进行编辑以在研讨会展示各种方案。

在研讨会期间，DAMIFR 模型不太可能充分发挥其潜力，因为这实际上是后期方案规划过程的一部分。但是，执行一些初始方案运行可能是有用的，以便确定开发实施后在研讨会期间建立的生态流量需求的大致可行性。

6.4　研讨会的拟议文件

关于水文数据，这些数据必须在有关河流功能其他方面的信息背景下审查，这种整合通常在研讨会的小组讨论期间进行。因此，只要在研讨会上提供全方位的数据分析和展示设施，就必须在拟议文件中提供有限数量的水文数据。通过更详细的信息，可以在研讨会期间补充拟议文件中有关改变水文情势的特征，并且可以有效且快速地回答相关问题。

6.5 研讨会的任务和责任

水文学家在研讨会上的主要作用是通过提供和解释水文信息来满足其他专家的要求。因此，应该有合适的时间序列分析和显示软件，水文学家也应该熟悉它的使用。拟议文件应提供有关数据的可靠性、局限性和代表性。但是，必须在研讨会上再次强调这些要点，以便其他参与者不会对水文信息的准确性产生错误的期望。在没有准确可靠的自然时间序列数据的情况下，水文学家必须能够就可能的自然值提供建议，并对这种估计所能表达的信息提出某种衡量标准。

水文学家的作用不是建议改变水文情势的特征，而只是为了帮助其他专家将他们对环境要求的估计纳入某些水文环境。例如，在之前的一些研讨会上，参与者决定确定几个关键月份的低流量要求，然后推断估算其他月份的需求。水文学家被要求从水文角度确定关键的低流量月份，并进行推断以确保保留自然季节分布的一个不明显版本。如果要这样做，则有必要决定是使用总流量还是仅使用基流量的季节性分布。

水文学家需要的水文信息类型会有很大差异，并且不易概括，但是几乎所有关于水文情势特征的信息都可能提前被他们预测到。如果在同一研讨会中涉及多个 BBM 站点，则可能需要在研讨会结束时进行匹配练习。这样做是为了确保在不同站点推荐的流量合理一致，因为自然或人工过程会影响站点之间的流入或流出。匹配练习可能不是一项简单的任务，而且很难估计当水流经过一个水文情势的河流系统时流量将如何变化。

如果要在研讨会期间运行 IFR 模型（Hughes 等，1997），那么水文学家将需要校准模型参数以建立一个流量时间序列，其近似于专家所描述的生态流量需求。这将是一个迭代过程，如果水文学家了解模型，特别是结果对参数变化的敏感性，则会减少在模型校准上花费的时间。其他专家也需要对修改后的流量时间序列应该是什么样子具有相当清晰和一致的看法。模型的输出结果可以为生态保护区提供更为合理精确的环境流量值。这是因为可以为代表性时期定义维护流量或干旱流量、低流量和洪水流量要求的时间比例。表 6-2 显示了模型输出结果的示例。时间表示该日历月的 1 天流量历时曲线中等于或超过的时间百分比。

表 6-2　　　　　　　　　　　IFR 模型的输出示例

月份	低 流 量 释 放				洪水释放
	总流量	优于或等于基流	在基流和旱季流量之间	旱季	特定流量的天数
		$V/(10^6 m^3)$、时间/%	$V/(10^6 m^3)$、时间/%	$V/(10^6 m^3)$、时间/%	
1					
2					
3					
4					
5					

续表

月份	低 流 量 释 放				洪水释放
	总流量	优于或等于基流	在基流和旱季流量之间	旱季	特定流量的天数
		$V/(10^6 m^3)$、时间/%	$V/(10^6 m^3)$、时间/%	$V/(10^6 m^3)$、时间/%	
6					
7					
8					
9					
10					
11					
12					
平均					

6.6 研讨会结束后的任务和责任

6.6.1 生成具有代表性的月生态流量需求的时间序列

如果在研讨会期间使用 IFR 模型,水文学家将被要求将生态流量需求的每日时间序列汇总到月流量中,以便这些可以由执行水资源规划评估和水库输出分析的小组使用。如果在研讨会期间没有使用该模型,可能需要进行设置,与研讨会参与者的代表性小组合作进行校准,然后生成月度摘要数据并将其传递给水资源系统工程师。

6.6.2 方案会议的准备

如果需要,这是应用 DAMIFR 模型的最合适时间。主要活动是按照上文中概述的必要数据,为各种方案运行模型。资源规划团队将提供规划的取水量及其季节性分布等信息,这些信息将用于指定模型的校准。其他操作规则将由水文学家建立,以表示各种方案。在满足水资源可用性的情况下,该模型能够模拟满足生态流量需求和取水量需求之间的不同优先级平衡。确定这些优先事项不是水文学家的责任,而只是为了说明不同方案的后果。

6.7 职权范围的示例

以下列表代表全面的职权范围,根据研究目的,选择所需要开展的活动。

(1)收集 BBM 站点附近测量站可用的水文数据。

(2)参加规划会议,提供有关可用水文数据质量的信息,以及用于生成每日时间序列的流量和洪水事件信息的方法。

(3)生成现场的当前和自然日常水文数据,并总结拟议文件中水文部分流量的主要特征。

（4）使用合适的分析软件，将每日时间序列建立为可在 BBM 研讨会中使用的数据文件。

（5）参加研讨会并协助其他专家解释水文数据。

（6）确认 IFR 模型，从而令人满意地反映其他专家在研讨会上建议改变的水文情势。

（7）设置 DAMIFR 模型和必要的数据文件，为方案会议做准备。

（8）参加方案会议，以协助解释水文数据。根据需要通过 DAMIFR 模型模拟各种供水或排水方案。

（9）就水文学所需的任何监测行动提供咨询。

6.8 最低要求和最高要求的专家培训

使用 BBM 进行评估的水文专家所需的培训在很大程度上取决于用于生成数据的方法。如果这些方法相对简单（即没有建模），那么所需的主要技能是使用一系列分析方法来总结每日流量时间序列，以解释河流水文情势的特征。水文学家必须能够获得合适的时间序列分析软件，并且可以熟练操作。如果日常流量序列不易获得，则需要通过模拟或外推技术生成这些序列。如果水文学家在河流的水文情势对其他过程的影响方面有充分的背景知识，他将能够有效地响应其他专家的信息请求。

6.9 潜在的缺点

其中一个主要的潜在缺陷涉及为水文学家提供的服务信息，而河流的水文功能在 BBM 过程中几乎没有直接重要性。因此，水文学家很容易脱离评估的目标，而不是跟踪正在编制的修改后的水文情势是否具有水文意义。

进行水资源计划和输出分析设计的专家将是水文学家，可能是在用于编制 BBM 水文数据的同一组。这里潜在的问题是 BBM 应用必须独立于河流可能的未来下游需求而进行，因此水文学家不应因为参与两个设计过程而引入偏差。相反，当两个不同的群体参与这些活动时，他们可能会使用不同的方法生成水文数据，从而导致不相容的结果。后一种情况的解决方案是确保两组在两个设计过程的早期阶段（即库容设计和生态流量需求设计）进行沟通。

另一个缺陷是，准备 BBM 水文数据的预算通常是有限的，并且存在使用过于简单化的方法而产生不可靠结果的缺陷。

6.10 监测

从水文学的角度来看，监测主要涉及两个方面。第一种是在关键的 BBM 站点附近没有合适的监测仪器，但是有必要监测为满足生态流量需求从水库释放流量的程度。如果水库靠近现场，这将是非常不必要的，因为可以假设流量到达站点后与初始流量无较大差异。然而，在发生显著差异和未测量的支流流入，或自然和人工取水损失的情况下，可能需要监测河流流量。这种监测是在正式的测量站（使用结构或额定部分）进行，还是在偶尔观察流速时进行，取决于负责监测计划的机构中可用的资源。

第二种是当监测区域涉及流量控制结构和 BBM 站点之间的损失模式（空间和时间）时，有必要建立一个监测计划，定期更新这些信息，以确保设计的流量释放满足已确定的下游需求以及生态流量需求（生态保护区）。虽然这里有一些方面与监测的第一个要求重叠，但仍然需要后一个活动，以便完全了解河流系统的动态。

6.11　结论

任何能够提高估算非流域河流状况特征的方法准确性和可靠性的举措都将有利于 BBM 的应用。同样，这些方法的应用效率以及分析和显示信息的方法也将具有价值，特别是经常考虑到生态流量评估可用的有限预算。水文模拟的最新发展趋向于集中产生最可靠的结果，因此由于时间、预算和信息限制，一些模型在 BBM 中基本上不适合使用。对于能够产生代表自然水文情势的实用方法，还有进一步研究的余地。

BBM 过程中存在许多固有的不确定性。这主要是由于难以理解河流生物和非生物环境之间复杂的相互作用。BBM 研讨会筹备工作的一个重要部分是需要尽可能减少方法学中任何组成部分的不确定性。因此，必须使用最好和最可靠的方法来编制水文信息。另一个最重要的因素是，这些信息应以他们熟悉或易于理解的形式呈现给其他专家。虽然这并不排除分析和呈现水文数据的新方法和创新方法，但它确实强调了 BBM 各种应用中某种标准化方法的优势。

第7章 水力学

7.1 河流生态功能中的局地水力学

河道中的水流和河道的物理结构在空间和时间层面上是因果循环、密切相关的。根据河道对水流相关变化的敏感性，其形态由当地地质以及沉积物和水文情势决定，而局地水力条件由河道的几何形状和流动阻力决定。局地水力学和河道形态是自然栖息地可用性的主要决定因素，而自然栖息地又是生态系统功能的主要决定因素。因此，从水文、地貌和水力分析中联合和分别得出的河流水文情势、物理结构和深度/速度状态的定量理解是获得有关其生态功能定量信息的先决条件。

7.2 结构单元法的水力学研究

一方面，河流生态流量需求的研究人员倾向于根据水深、流速、湿周和水面宽度等参数量化各种生物成分的需水量。通过参考特定流量的发生频率或特定洪水事件导致的洪泛持续时间，将时间添加为参数。在考虑河岸生物群的需水量时，洪水的持续时间、深度和横向范围尤为重要。

另一方面，水文学家、水资源工程师和水资源管理者更习惯处理人类的用水需求，并习惯性地用与时间相关的水量来表达这些需求。使用的测量单位可以是以 m^3/s 表示的瞬时流量，也可以是每年数百万立方米的长期需求。

这两种方法在各自的环境中都是完全有效的，但是 BBM 的应用需要处于它们之间的界面。该界面是通过对自然开放河道中流量的水力分析找到的。因此，水力分析和建模的结果形成了水管理者表达河流水流的方式与河流科学家表达河流系统本身的水需求方式之间的重要联系。

BBM 的水力学研究包括流量和其他参数之间的一系列关系，如水深、流速、湿周和水面宽度等。河流地貌学家和水生态学家使用这些信息，以本指南其他部分描述的方式量化河流的流量要求。例如，水生无脊椎动物专家考虑了河流特有无脊椎动物群落的水力栖息地的可用性，这些可能随着流量的变化而变化。鱼类生物学家可以考虑鱼类通过的临界水深或流速的要求，或特定栖息地的淹没，特别是对于繁殖区，以及低流量条件下的避难区域。植被专家可利用有关河岸树和边缘植被关键物种的洪水需求获取信息，以及研究地貌变化对芦苇床等程度的影响。地貌学家需要估算水力剪切应力，以确定挟带（移动）、运输和沉积各种沉积物尺寸的流量。另外，考虑维护河道基本形态所需的流量可能基于对特定形态单元（例如阶地和滩地）被淹没所需水位的了解。

值得注意的是，BBM 非常强调低流量的水力特性，因为这些是生物群在大多数时间内经历的流量。此外，也有必要了解河流生态系统如何随着流量的减少而发生变化，例如，增加取水量。相比而言工程水力学家更熟悉高流量和洪水的分析，但低流量模拟的困难也是不容低估的。

除了泥沙作为水质成分的特殊情况，及其在河道中的运输或沉积外，本章所讨论的水力学并不专门涉及水质因素，虽然河流的水力特征可以为水质模拟提供有关流速、滞留时间和混合条件等方面的信息。

7.3 工作顺序

7.3.1 横截面的选择

由于应用 BBM 的主要目的是确定将河流保持在预定生态管理等级的水文情势，因此生物因素将主导合适站点的选择。条件的限制几乎总是要求研究区域必须以相对较少数量的 BBM 站点为特征。这反过来又要求有限的站点数量应尽可能地说明物理栖息地的多样性，从而说明生物群的多样性。因此，到目前为止，在使用南非 BBM 的生态流量评估中，最广泛使用的是包括浅滩的站点。浅滩在水力上是复杂的，尤其是在生态流量需求测定中受到最多关注的是低流量情况，并且对流量变化比几乎其他任何河道特征更敏感。在低流量期间，浅水中的水深通常与构成河床的粗糙元素（鹅卵石和岩石）的水深相同，导致流速的变化大且不均匀。这些因素使水力分析复杂化。

由于 BBM 评估对生物栖息地的重视，水力专家不应期望水力因素在选址时享有绝对的优势。然而，同样重要的是对于水力专家来说要参与选择过程，使所选站点的水力复杂性不能使可靠的水力分析变得不切实际。难以分析的站点几乎一定会产生低可信度的水力信息，从而对其余过程产生负面影响。其中一个典型的例子就是，在不同的水位情况下有多条分流河道。

为 BBM 应用而选择的站点的水力复杂性对水力数据的分析方式产生了较大的影响，特别是在流量之间建立可靠关系所需的观测数据和建模数据的比例，例如，水深和流速。一般来说，现场的水力学复杂性越高，对观测数据的依赖性越大，水力分析的结果越可靠。相反，可以通过使用相对较少的观察数据，然后使用适当的水力建模技术来获得更简单的站点水力特征。

一旦选择了 BBM 站点，重要的是为横截面的选择分配足够的时间和精力，并且让所有专家都参与其中。站点的水力特征以及其物理栖息地的特征主要局限于横截面，因此该过程的成功在很大程度上取决于这些站点是否充分描述了每一个专家所有感兴趣的特征。

虽然 BBM 站点是三维的，但空间连接的二维横截面用于描述河流几何形状以及流量与前面提到的水力决定因素之间的关系。有关扩大水力特征的方法也十分重要，它能够提供更具代表性的站点空间描述，而无需进行完整的三维地形测量和水力模拟。水力专家可通过水力方式表征现场所需的河道横截面的数量和位置。由于这受到局部生物和非生物特征的影响，因此难以预先确定所需的这种横截面的数量。经验表明，以下方法适用于具有潜在困难和耗时的任务：

（1）在场的每位专家都对其选择的"非水力"截面进行了定位和论证。

（2）整个团队考虑所有这些横截面的位置和重要性，并用以评估是否可以在不丢失基本信息的情况下组合横截面。

（3）用于水力用途的其他横截面（位于水坡和水道几何形状的变化处）由水力学专家确定，并向其他专家解释包含这些横截面的目的。

当选择附加的水力部分时，水力学家应牢记水力控制（即流量和水位之间关系的决定因素）是流量的函数。因此，应在适合 BBM 应用的流量处选择附加部分，也就是说需要更加强调低流量。

选址过程中的一个重要考虑因素是是否容易（或以其他方式）测量或计算通过站点的流量。通过急流或浅滩的流量是相对难以直接测量的。因此，在通过这种河道特征选择横截面进行直接手动测量之前，有必要考虑是否可以在 BBM 研究区域的位置内部或外部的不同横截面附近测量流量。合适的横截面应该是棱柱形的，各点处流量均一致（即沿着河流的流量不随距离变化），并且具有比构成河床的粗糙要素深很多的水。如果不在现场测量，该替代流量横截面应足够靠近，以使两者之间的任何损失或流入都很小并且可以忽略。如果需要这样的替代横截面，则应清楚地识别其位置，以便在测量流量时可以使用它。所选替代横截面也应该能够在相对固定的基准面进行调查，所有 BBM 横截面都应如此。

7.3.2 站点调查

从水力学的角度来看，BBM 站点调查的主要目的是详细定义河道的横截面轮廓，以便能够在所需的研究水平下进行水力测量、建模和分析。第二个优先事项是在这些剖面上描述河流科学家感兴趣特征的位置，然后可以在站点平面图和河道横截面图上描绘这些特征。

调查范围应该在宏观上从河道的一岸扩展到另一岸，并且应该包括沿剖面的所有坡度和底质类型的所有重大变化。沿剖面经常被输送（即每年输送一次）的粗糙度元素构成了河道的整体阻力，因此不需要进行非常详细的测量。然而，不频繁移动的较大沉积障碍物应包括在横断面调查中，因为这些特征减少了除最高洪水之外的所有河道面积。

应在每个横截面上至少放置两个永久性基准，并清楚标记以供将来识别。如果对于现场工作人员来说，其需要明显的方向，则应在横截面的每一端建立一个基准。基准形成了连接平面方向、横截面高程、纵向河床和水面剖面的局部数据。因此，它们必须在高度上相互关联，以达到可接受的精度（±1cm），特别是对于坡度变化不大的水面斜坡特征的站点。

在 BBM 研究开始时，在低流量条件下，最好测量已确定的河道横截面。然而，由于不合时宜的气候条件，或者因为必须在雨季期间进行选址，可能需要在较高流量条件下选择站点。在这种情况下，可以沿着纵向河流剖面收集流量数据，并在以后与横截面的定位进行协调。如果在 BBM 工作过程中发生高流量事件，导致横截面发生变化（通过冲刷河床堤岸或沉积物沉积），则有必要重新测量河道。横截面的重大变化将需要重新评估先前开展的工作，并可能使某些结果无效。虽然很难在工作计划中直接列出上述可能出现的情况，但应在工作大纲中以条款的方式明确这些额外工作和变化对整体日程安排的影响。

应为每个横截面建立水位—流量关系。因此，每次进行实地流量测量时，应沿着横截面轮廓在每个河道的边缘处测量相对于局部基准的水位。在能安全进入河流的地方，还应沿河道（谷底线）的最低点测量纵向河床和水面剖面，延伸超出下游和上游断面大约十倍河道宽度的距离。在条件有限的情况下要求使用单个横截面来表征站点时，这些关于纵向水面轮廓的数据尤其重要，这是因为建模需要纵向坡度。

在沿纵向剖面记录床层和水位的同时，还应该有机会记录最低床层的深度和平均流速。这些数据能帮助鱼类和水生无脊椎动物专家开发出沿河而变的三维图像。

最适合进行调查的设备是与数据记录器相连的测量仪，数据以未简化（原始）格式（即水平和垂直角度和距离）记录，而不是以简化的坐标记录。然后可以使用三角原理简易地减少勘测数据以确定横截面轮廓、平面部分的方向、水位水平和纵向剖面。

一些水力专家可能具有足够的专业知识和必要的设备来进行测量。或者可以雇用有经验的测量员来完成任务。在后一种情况下，经验表明，只有当测量员知道并理解工作目的以及要求他们记录细节的原因时，才能获得有用的结果。无论谁进行实地调查工作，水力学家都应负责确定调查所需的详细程度。

不言而喻的是，调查工作应该在实际的 BBM 站点进行。然而，水力学家通常可以通过轮廓图以及航空和地面照片得到数据，对熟悉的洪水流量进行水力分析。当在 BBM 测定中处理如此重要的低流量时，其中必要的细节只能通过在站点进行测量来获得。

应该抓住每一个机会拍摄尽可能广泛的流量范围。关于宽度和深度增量变化的准确定量信息通常可以通过照片获得，通过将流量水平与横截面上的已知特征（例如突出的大石头）或边缘植被的洪泛程度相关联来得出。

访问每个站点时，应至少拍摄每个横截面的三张照片，每张照片来自一个随后可识别且可重复的固定点；沿着所调查的横截面穿过河道，上游和下游的横截面相同。照片应与已知的流量情况相关联，并注明日期。

对于收集水力数据的站点访问通常比其他专业学科更频繁。从一开始，水力学家就应该从其他专家处获得他们对常规摄影记录的要求（如果有的话），并在每次观察时将这些需求纳入现场活动方案。

7.3.3　流量测量

要在 BBM 的应用中发挥任何作用，其他专家感兴趣的参数如水深和流速必须与已知的流量有关。流量有多种测量方法，包括使用已有的监测站点（天然河道断面或结构型测量装置），以及流速-容积法或稀释测流法等手动方法。位于 BBM 站点附近的测量堰或额定横截面提供了获得流量数据的有用方法。但是，不应想当然地认为从这些监测站获得的数据是完整的，而应与负责其运行的主管部门核实。此外，在非稳定流态下，即在流量增加或减少时，应注意考虑现场和测量点之间的流量行程时间和衰减。Birkhead 和 James（1998）提供了一种基于非定常流量测定的综合评级法。

一方面，流速-容积法无疑是最常用的手动方法，用于测量天然、中等到大型水道的流量。另一方面，稀释测流法更适合于湍流河流，例如测量岩石铺设的高床河流时，其他方法难以应用。应用这些手动测量技术的详细信息和标准在《河流流量测验规范》（GB 50179—2015）中给出，应该参考这些标准以确保方法的正确应用。

在人工流量测量期间记录的点速度也描述了河道上的速度分布，并且如果在任何点处水深足够大，则需要多个读数来估计水柱中垂直深度的平均速度。水力学家应确定这些速度数据是否适用于任何其他专家，特别是鱼类生物学家和河流地貌学家。

为了尽可能获得流量数据，最好至少在一个水文季节内，以任何方法进行流量和相关测量。然而，这并不一定能保证会遇到合适的流量范围，因为有可能出现不利的气候条件，例如雨季流量不足或旱季不合时宜的高流量。在这种特殊情况下，BBM 研讨会可能不得不推迟，或者如果不推迟，将在研讨会之后需要收集额外的数据，并对水力和生态流量的建议进行改进。

在高流量期间，通过直接方法测量流量，河流水位和流速可能妨碍其安全地进入水中，需要使用船只或其他技术，并且要求高标准的安全措施以避免事故。还应考虑到河流自然生物的危险，以及患上与河流相关的感染疾病如血吸虫病的风险。

当高流量情况下不适宜进入河流时，应在横断面以及断面的上游和下游记录河岸的阶段水平，如第 7.3.2 节所述。在可能的情况下，应使用漂浮物来测量表面流速。在《河流流量测验规范》（GB 50179—2015）中描述了使用表层流速来估计流量的方法。

7.3.4 数据分析和建模

观察到的横截面和流量数据，后者通常用于有限的流量范围，用于建立河流科学家感兴趣的流量和水力参数之间的关系。几乎可以肯定的是，必须描述这些关系，以获得比监测范围更大的流量范围。

当存在足够的观测评级数据时，可以通过拟合 Birkhead 和 James（1998）给出的形式与观察数据的关系，得出站点横截面流量数据，完全基于现场测量建立评级函数是可能的。但应该谨慎地推断超出最高和最低流量记录的模拟关系。外推的有效性可以通过计算推断阻力系数和超出观测数据范围的平均速度来评估，并将这些与基于经验和文献中给出的阻力系数合理值进行比较。

评级关系的综合基本上涉及稀疏数据点之间的内插和超出观察数据限制的外推。天然河道中的流动阻力以及分析中使用的阻力系数，通常是一个水位的函数，特别是在低水位时。因此，可以通过计算观察数据点处的阻力系数，然后插值和外推以分别导出观察数据点之间和超出观察数据限制的阻力系数，从而综合额定值关系。在现有应用中，选择合适的阻力关系和相应的系数被认为是十分重要的，选择应该基于实际因素考虑，例如，应考虑在要使用的软件中应用阻力方程、经验和熟悉度。这是因为虽然某些关系在理论上比其他关系更严格，但在阻力系数基于现场数据的"复合"校准因子的情况下，应用最严格的建模方法是不合逻辑的。该因素和能量损失不能仅仅通过考虑阻力因素的可测量的物理尺寸（例如粗糙元素的尺寸、植被类型和密度、河道平面形式等）得出。还可以通过基于校准数据外推阻力系数［即拟合阻力系数与流量（或水位）数据的关系并外推］来开发外推评级关系。校准的阻力系数通常基于非均匀流量剖面计算（即回水），或通过假设由单个横截面表示部位的能量斜率线性变化来确定。此外，应该注意，应评估外推系数的值，并将这些值与基于经验和已发表文献的数值进行比较。

描述河道中深水部分横截面的低流量水力分析的主要困难是评估零流量水位，即当流量停止时水潭中的水位。在对整个站点水流进行建模时，需要这种关系。在没有观测数据的情况下，估算零流量水位最合适的方法是沿着河道的最深部分测量横截面下游的纵向剖面。尽管是近似的估计，对观察到的数据外推到零流量的额定数据也是有用的。

一旦确定了横截面的额定值关系，就可以使用横截面几何形状的知识简易地计算流量与其他水力决定因素之间的关系，例如平均流速、湿周和平均水深等。

水力分析和建模只能由熟悉低流量技术和问题的熟练从业者进行，因为应用适合高流量的传统方法所固有的错误会在整个过程中产生共鸣。例如，阻力系数曼宁值，必须应用于浅水流中的低流量，其值远高于高流量分析中使用值的范围。施加不适当的低曼宁值会导致对特定流量水深的严重低估，从而高估了流速。这反过来又促使高估了特定水深所需的流量，例如鱼类河道，从而使生态流量需求大幅增加。

7.4　最小和理想数据集

7.4.1　选址和调查

对于水力专家来说，访问、检查和拍摄未来的站点，以及监督现场调查是绝对必要的。正如之前所强调的那样，在为河流维持低流量提供建议的过程中，单独使用等高线图或等高站点计划是完全不切实际的。

横截面剖面和水位调查的准确性应与拟议文件和 BBM 研讨会结果的准确度相当。例如，当水位精确到例如仅为 5cm 时，预测河流水位 1cm 变化引起的流量变化是靠不住的。

7.4.2　水位—流量关系

一般而言，观测阶段中流量的可用数据越多，对推导出的水力关系的置信度越高。因此，应该利用一切可能的机会调查这些站点，并从每个调查的横截面中收集这些数据。

相比含有急流或浅滩的复杂站点，以河道等截面和均匀流为特征的站点需要相对更少的水位—流量观测数据，这是因为后者的水力关系更容易综合分析。

理想情况下，应在明显不同的流量下进行测量。在 $0.2m^3/s$、$0.5m^3/s$、$1.2m^3/s$ 和 $5m^3/s$ 处的测量值比在 $0.1m^3/s$、$0.12m^3/s$、$0.15m^3/s$ 和 $5m^3/s$ 处的测量值更能表征0～$5m^3/s$ 的流量范围。这需要仔细规划实地考察，最大限度地获得合适的流量范围。合适的范围取决于河流，并且是流量增量对水深影响程度的函数。当外推观察到低流量数据时，一些与洪水相关的信息可用于固定水位—流量曲线的高点。这有时可以通过居住在河边的居民获得的信息得出，并将其与水文记录中的已知流量相关联。可接受的数据集将是在感兴趣的低流量范围内分布的三个数据点，加上零流量水位和一些与洪水相关的数据。理想的数据集是在良好的流量分布上的六个数据点，加上零流量水位和一些洪水相关数据。

7.5 研讨会的拟议文件

以下是拟议文件中所需内容的列表：

（1）用于确定评级关系的方法的简短摘要。

（2）用于收集流量数据的记录。

（3）列出了关于流量与水深和阻力系数的观测数据。

（4）使用对数正态标度绘制评级关系图。这些应显示观察到的数据，以及低、中、高流量范围的横截面（图7－1）。

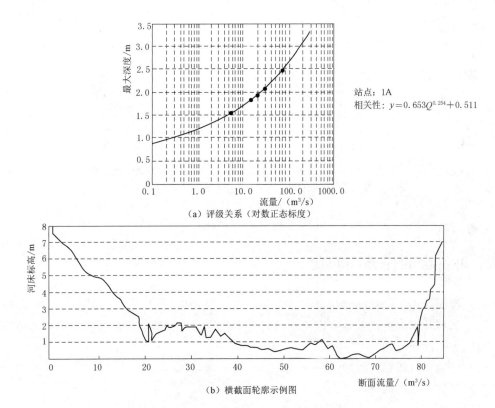

站点：1A
相关性：$y=0.653Q^{0.254}+0.511$

（a）评级关系（对数正态标度）

（b）横截面轮廓示例图

图7－1　典型BBM（站点1）的横截面（A）的评级关系（对数正态标度）和横截面轮廓示例图

（5）正常刻度轴上的水深（最大值和平均值）、平均速度和湿润周长的流量图（图7－2）。

（6）明确估计观察数据范围内评级关系的准确性。这可以通过计算观察到的和建模的数据之间的水深或流量的平均绝对差来产生。

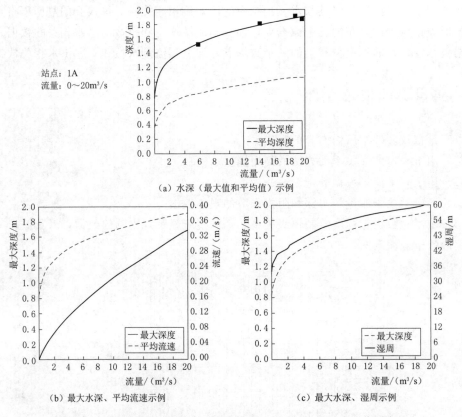

图 7-2　典型 BBM（站点 1）的横截面（A）在 0～20m³/s 范围内的
水深（最大值和平均值）、平均流速和湿润周长与流量的示例

（7）评估外推评级关系的可信度。

7.6　研讨会的任务和职责

（1）说明所提供的数据和信息。

（2）解释数据并协助其他专家从水力数据中获取有用和适当的信息，使用可用的横截面计算机显示图形。

（3）评估水力数据的置信水平。

（4）评估数据的局限性。

7.7　研讨会后的任务和职责

BBM 过程的可靠性很大程度上取决于水力信息的质量和可靠性。可靠的水力信息对参与评估的其他专家的工作很重要，在完整性和可信度方面向他们提出尽可能高质量的要求。水力信息的缺点通常会妨碍一个成功的生态流量评估，并且绝不应该故意假设水力不足可以在某个后期阶段做得很好。如果在研讨会之前水力工作的标准不高，那么之后将需要在研讨会后进行额外的测量和建模。这既不高效，也不符合成本效益。下文讨论了与监测指定生态流量需求在实现所选生态管理等级时的适用性方面相关的水力工作。

7.8 职权范围示例

在进行研究所必需的任务中，之前已经提到了水力专家的职权范围。此外，职权范围应明确说明基本任务的资源分配，包括：

（1）选址。

（2）河道横断面和纵剖面调查。

（3）为收集水力数据而进行实地考察。

（4）减少实地调查和水力数据测量。

（5）水力分析和建模。

（6）报告。

（7）BBM 研讨会。

（8）研讨会后活动，例如额外的数据收集、监测和方案会议。

7.9 最低和最佳专家培训

如果水力数据要成功支持其他专家的工作，那么他们的所有方面包括站点选择、站点勘测、流量测量和水力数据分析，都需要高度的专业知识和经验。低流量分析的专业知识至关重要。

但是，可以征集当地的非专业援助，用于收集水位和流量数据，并保持视频记录。这种援助可以提供额外的数据观察点，同时减少水力学家必须进行的实地考察次数。

7.10 潜在的缺点

上文中已讨论了潜在的缺陷，需要重新强调以下问题：

（1）横截面位置不合适（生物和水力）。

（2）调查不够详细，与共同数据无关。

（3）无法重新定位固定基准。

（4）不准确的水位—流量测量。

（5）在有限的流量范围内数据不足。

（6）不适宜的水力分析，特别是对于低流量。

7.11 进一步发展

如上文所述，空间连接的二维横截面用于描述河流几何形状以及流量与各种水力决定因素之间的关系。因此，生态流量需求的确定主要集中在二维河流横截面的几何形状上。

Birkhead（1998）为了提供对站点不那么固定的空间描述，将与流量相关的水位数据作为横断面上可用深度的频率分布。

对水生平均速度分布的类似分析将为无脊椎动物和鱼类生态学家提供有用的信息。由于难以模拟非棱柱形河道横截面上的速度分布，仅从测量的流速数据得出这一结果是可取的。为进一步开发水力学在 BBM 中的作用，有必要投资时间来收集这些数据。

采用全三维建模技术以获得整个现场水力条件的改进特征是不可能的，主要是由于 BBM 型分析需要收集数据。然而，有可能扩展现有的水力模拟工作，以提供准三维的栖息地可用性数据。这可以通过将站点的纵向水力特征与横截面特征相结合，并通过附加的水力统计数据编制站点的栖息地图来完成（Brown 和 King，1999）。从广义上讲，栖息地绘图提供了现场栖息地条件的计划描述，纵向水力分析提供了横截面之间的连续水面轮廓。因此，可以以非常粗略的方式（基于水面轮廓作为基准）模拟完整的映射区域的水深和速度的变化。

7. 12　监测

监测工作的总体目标是评估指定生态流量需求在实现和维持所需生态管理等级方面的有效性。设想了两个阶段：建立基线条件，然后进行监测以检测基线条件的变化。

理想情况下，应在 BBM 研讨会之前确定基线条件，即确定所有站点的水力特性以满足各种流量。如果不能充分详细地进行收集，基线监测应包括收集额外数据以完成这种水力特性描述。可能需要补充观察来增加不完整的流量范围，或重复观察以提高对研讨会中质疑的数据集的可信度。如果在研讨会之后出现非常高的流量并且被认为改变了河道的形态，并因此改变了现场的水力特性，则需要对横截面进行重新调查，然后进行重复的综合水力分析，以建立一个新的基线条件。

长期监测涉及现场的重复访问（定期和高流量事件），以重新调查横截面。该监测方面应设计为允许检测与流量相关的形态变化并收集与流量相关的数据，然后重新评估水力关系。

水力监测与水文监测密切相关，其目的是确保水管理者最终确定的水文情势与实际发生的水文情势之间的一致程度。

7. 13　结论

南非河流的生态流量评估经验一再表明，获得可靠的水力信息对整个过程的成功至关重要。如果流速和水深的生物学相关数据与流量无关，则生态流量需求无法量化。虽然收集和分析水力数据所需的工作成本高且耗时，特别是在偏远地区的河流难以进入的情况下，但是丰富的水力数据可以提升输出可信度。在 BBM 研讨会之前进行这项工作是非常可取的，因为这些水力数据可以被其他学科研究充分使用，而不是以不充分或低信度的信息形式进入研讨会。后一种情况浪费了参与者的时间，并且通常随后导致必须用改进的水力信息重新访问整个过程。如果没有可靠的水力数据，则无法对生态流量需求进行可靠的评估。

第8章 鱼类生境调查研究

鱼类也是河流生态系统组成成分之一，通常在河流中鱼类组合有着各种营养类型的物种，它们反映了环境变化的综合影响。因此，鱼类组合可以在一定程度上反映出河流的综合环境健康状况，有助于理解河流的功能。

8.1 结构单元法中的鱼类研究

由于鱼类组合通常包括代表各种营养（饵料）类型（即杂食动物、食草动物、食虫动物、食鱼动物）的一系列物种，它们反映了环境变化的综合影响。因此，它们的存在也可用于推断其他水生生物的存在，因为成鱼在大多数水生系统中占据食物链的顶端。在从幼鱼到成鱼的发育过程中，它们也会经历初级生产阶段以上的大部分营养级。因此，鱼类组合结构可被视为反映河流的综合环境健康状况（Karr，1986）。

如果河流中的物种丰富度足够高并且鱼类组合的结构足够多样化，那么了解鱼类完成其生命周期所需的环境条件有助于理解该河流的功能。它还可以指导满足其生命需求所需流量的条件标准，并有助于监测和管理这些流量。

与其他形式的水生生物相比，公众和资源管理者通常更了解和关注鱼类的存在和健康。因此，诸如鱼类生存的生态要求，鱼类作为生态重要性和河流敏感性的指标以及鱼类作为生态完整性的重要部分等方面，通常可用于解释特定生态流量设定的理由。由于鱼类生命周期长、活动范围较大、流动性大，鱼类也是对河流生态系统和广泛栖息地条件长期影响的良好指标。因此，监测鱼类的存在和分布通常被认为是确定管理目标是否已实现的重要工具（Karr，1986）。

在BBM中，有关不同鱼类不同生活史阶段的生态和流量相关要求的信息将被用于指导河流中未来所需流量。不同鱼类与其生活史阶段所需的水力栖息地通常由基流条件界定，而一系列生命阶段开端或栖息地要求可能依赖于高流量事件。例如，一些鱼类在其所有生命阶段都需要在特定栖息地中度过，而其他鱼类在迁徙、产卵或幼鱼阶段可能需要特定的高流量事件。例如可能需要高流量来启动性腺的发育，以及清洁产卵床和育苗区。以下案例用于说明鱼类如何用于估算生态流量需求。

案例一

具有特定栖息地和饵料要求的鱼类或与浅滩相关的要求的鱼类可能最依赖于永久流

量。这种依赖性通常与其水质要求有关，例如特定的 DO 浓度范围和水温。一些浅滩栖息物种，适应大部分的氧气浓度范围和水温，在其生命周期的所有阶段都依赖于常年流量 (Gaigher，1969)，而其他的浅滩生物，或者至少在某些生命阶段，可以在低流量甚至无流量期间存活。这些不同的要求提供了关于干旱季节所需的低流量的大小、分布和恒定性的重要指标。

案例二

对于繁殖和产卵场的需求，许多鱼类依赖于沙子或砾石层，或者浅水，缓慢流动的回水以及边缘植被淹没区。这些地区的水温和流量是促成成功产卵和繁殖的主要因素。然而，性腺发育和成熟以及成功产卵可能还需要在不同时间组合刺激。这些可能包括当前速度的增加、特定的水质变化（例如雨后有机物流入流域）、一段时间内特定水温的维持、气压的变化以及信息素的释放 (Lowe - McConnell，1975)。然而，鱼类的繁殖不仅取决于成功的产卵，还取决于胚胎和幼鱼发育过程中维持有利条件。富含浮游动物的产卵场区域有利于几种鱼类的幼鱼阶段，其特点是浅水温暖、低速。在设定可能包括鱼类繁殖和繁殖活动时期的流量要求时，这些刺激和区域的可用时间和持续时间是重要的考虑因素。

案例三

在南非的一些河流中存在几种真正的洄游鱼类。这些包括鳗鱼（即 *Anguilla mossambica*、*A. marmorata* 和 *A. bengalensis labiata*）和淡水锚鱼（*Myxus capensis*）(Skelton，1993)。对于这些物种生存至关重要的是成鱼能够向下游迁移到海洋产卵，并且幼鱼可以再次向上游迁移到淡水区域进行摄食和成长。例如，幼鳗鱼从印度洋的产卵场向南运送，通过莫桑比克和阿古拉斯海流向南，超越非洲南部海岸。幼鳗或玻璃鳗鱼每年 1 月和 2 月进入南非河流并向上游迁移。在此期间，淡水到达海洋以吸引这些幼鱼进入河流是非常重要的。

据推测，通过满足上述敏感物种或生活史阶段的河流中与流量相关的栖息地要求，也将满足大多数相关的一级和二级淡水鱼类的流量需求。

本章的主要内容是使用鱼类作为使用 BBM 进行生态流量需求测定的生态系统组成部分，并且简要讨论鱼类作为生物完整性、生态重要性和生态敏感性指标的相关内容。

8.2　生物完整性、生态重要性和生态敏感性

对河流生物完整性的评估通常基于利用鱼类群落属性的指标，例如物种丰富度、群体组成、营养成分、栖息地成分以及健康状况。其中，生物完整性指数（Karr，1981）及其相关性指标是较为常用的。这种评估与其他生物群组的评估相结合，有助于了解河流当前的生态状况。并且它还有助于研究者制定一个可实现的理想生态状态或生态管理等级。

在确定河流的生态重要性和敏感性时，鱼类数据十分重要（Kleynhans，1999c），原因如下：

（1）大多数鱼类的保护状况是确定的。

（2）大多数鱼类的一般生态要求已知。

（3）鱼类在许多河流中的分布模式都有相关记录。

利用鱼类作为河流生态完整性指标的方法可参考相关办法，例如针对长江流域水生生物完整性指数的评价采用《长江流域水生生物完整性指数评价办法（试行）》。下面对该方法做简要介绍。

1. 适用范围

适用范围为长江干流、支流和湖泊形成的集水区域。包括青海省、四川省、西藏自治区、云南省、湖北省、湖南省、江西省、安徽省、江苏省及上海市、重庆市，以及甘肃省、陕西省、河南省、贵州省、广西壮族自治区、广东省、浙江省、福建省行政区域内相关水域。

2. 水域划分

长江流域范围广、生境类型多样，各区域生物组成及结构差异大。按照水域类型，将长江流域划分为长江源、金沙江（玉树至宜宾）、长江上游（宜宾至江津）、三峡水库（江津至宜昌）、长江中游（宜昌至湖口）、长江下游（湖口至常熟市的徐六泾）、长江口（常熟市的徐六泾以下）以及大型通江湖泊（鄱阳湖、洞庭湖）和重要支流等类型。针对每种类型，在相对统一的完整性指数评价准则下建立评价指标库。

3. 评价周期

长江流域水生生物完整性指数每年评价一次。数据来源以评价年份监测数据为主，部分指标如种类数可以综合或平均近五年的数据。

4. 评价指标

评价指标主要涵盖鱼类状况、重要物种状况、生境状况三方面内容，包括 14 个必选指标，见表 8-1，其中 11 个指标为通用性指标，可在长江流域全水域范围内应用；洄游性物种、特有鱼类、营养状态 3 个指标为区域性指标，分别在长江口、长江上游干支流、湖泊和水库等部分区域应用。种类数、重点保护物种、水体连通性 3 个指标为关键性指标。

表 8-1　　　　　　　　长江流域水生生物完整性指数评价必选指标

指　数	编号	指　标	适 用 区 域
鱼类状况	1	种类数	通用
	2	资源量	通用
	3	优势科	通用
	4	营养结构	通用
	5	成鱼比例	通用
	6	外来入侵物种	通用
	7	洄游性物种	长江口
重要物种状况	8	重点保护物种	通用
	9	区域代表物种	通用
	10	特有鱼类	长江上游干支流

续表

指　　数	编号	指　　标	适 用 区 域
生境状况	11	水体连通性	通用
	12	岸线硬化度	通用
	13	渔业水质	通用
	14	营养状态	湖泊和水库

在必选指标基础上，设立了杂食性鱼类等 16 个参考指标，见表 8-2，有条件的区域可选择使用。

表 8-2　　　　　　　　长江流域水生生物完整性指数评价参考指标

指　　数	编号	指　　标	适 用 区 域
鱼类状况	1	杂食性鱼类	通用
	2	畸形/疾病鱼类	通用
	3	产漂流性卵鱼类	通用
	4	产黏性卵鱼类	通用
浮游生物状况	5	浮游植物密度	通用
	6	浮游动物生物量	通用
	7	浮游植物多样性	通用
	8	浮游动物多样性	通用
底栖动物状况	9	软体动物种类数	湖泊
	10	底栖动物优势种	湖泊
水生高等植物状况	11	水生高等植物覆盖度	通用
生境状况	12	流水江段	支流
	13	湖泊湿地植被	湖泊
	14	水温	干流
	15	水质	通用
	16	湿地面积	湖泊

5. 评价步骤

(1) 确定指标基准值。指标基准值是评价水体曾经达到或者可能达到的最优水平，确定方式包括：①有记录的历史最佳状态；②通过管理可达到的最佳状态；③评价水体内未受干扰的水域状态；④科学模型推断的理想状态；⑤专家评判的理想状态。

(2) 开展调查与监测。根据指标制定调查监测方案，开展专项调查、监测及资料收集，获取各指标所需数据。

(3) 指标赋分。根据指标类型分为两种赋分方式。一种是根据指标现状值与基准值的差异赋分，对各个指标赋予 0~5 不同的整数分值，分值越高，表明指标越接近基准值。另一种是根据现状值差异程度赋分。

8.3 工作流程

8.3.1 评估可用的信息

（1）确定研究的河流或河段。

（2）查找相关河流可用的鱼类信息，包括省级自然保护组织、博物馆和已出版的资料。

（3）确定研究区域的地貌类型，并将有关鱼类分布的现有信息分配到相关区域。

（4）评估有关鱼类分布的信息，并确定每个区域的信息是否充分。因此，如果要判断信息是否足以用于 BBM 目的，需要考虑的要点是上次调查的日期及其详细程度、站点数量、所列鱼类的代表性。

（5）如果鱼类信息不充分，请计划并进行鱼类调查，然后整理所有信息。

（6）如果鱼类信息充足，请整理所有信息。但是，强烈建议即使鱼类信息丰富且具有时效性，仍应对 BBM 站点进行鱼类调查。

8.3.2 规划并进行鱼类调查

请注意，虽然可能需要进行鱼类调查以获得有关研究区鱼类的具体信息，但这第二项活动本身并不构成研究计划。

1. 规划调查

（1）暂时确定鱼类调查中包含的站点。这是通过使用河流的地貌分区、已确定的 BBM 站点的位置、GIS 和遥感以及可获得的任何历史数据来完成的。合适的站点有助于对存在的各种栖息地类型进行有效采样。但是，应考虑已知受人为活动影响的河段，如果可能，还应考虑位于此类受影响区域上游和下游的河段。这些将提供有关河流的信息以及决定对河流或河流区域使用哪个生态管理等级。BBM 站点应被视为收集鱼类数据的主要站点，如果选择其他站点，它们应位于 BBM 站点附近，以便可以补偿主要站点中缺少的鱼类数据。总的来说，鱼类数据代表的是特定长度的河流，而不只是一个单纯的站点。

（2）判断一次性调查是否足够，或者是否需要季节性信息。这一判断可能对预算产生重要影响。决定应基于上次调查的时间，以及所存在物种不同生命阶段所需流量相关要求的知识水平。

（3）不可能规定每个河流区域应包括的鱼类调查点的数量，因为这将受到诸如区域长度、现有影响的位置和可达性等因素的影响。在这些情况下需要依赖经验。但是，可能的最小站点数是每个区域一个 BBM 站点，以及每个站点的上游和下游各一个站点用于其他鱼类调查。

2. 进行调查

在本节中，提供了有关 BBM 目的所需信息类型的指南。其目的不是提供采样方法的概述。一般而言，为 BBM 而进行的鱼类调查的目的不是提供对河流生物完整性的全面评估，而是提供有关鱼类及其栖息地与流量相关方面的信息。

（1）除了需要关于鱼类物种流量需求的季节性信息外，强烈建议尽可能在旱季进行鱼类调查。

（2）在现场，应评估站点的栖息地，以确定它们是否能够代表该区域以及是否可以进行取样。如果不符合这些标准中的任何一个，则应寻求替代站点。

（3）在采样过程中，应记录每只被捕获鱼类的物种和生活史阶段，以及其物理栖息地和覆盖物的详细信息。Oswood 和 Barber（1982）的方法可用于对流量（速度）-深度等级进行分类，即

慢（<0.3m/s）和浅（<0.5m）：包括浅水潭和回水。

慢（<0.3m/s）和深（>0.5m）：包括深水潭和回水。

快速（>0.3m/s）和浅（<0.3m）：包括浅水、急流和浅滩。

快速（>0.3m/s）和深（>0.3m）：包括深沟、急流和浅滩。

（4）照片分类

悬垂植被：在水面以上约 0.3m 的厚植被悬垂在水面上（Wang 等，1996）。这个定义包括边缘植被。

河岸切口和树根区域：堤岸悬垂水面约 0.3m，水面以上不超过 0.1m（Wang 等，1996）。

溪流基质：为鱼类提供掩护的各种基质成分，如破碎的基岩、岩石、鹅卵石、砾石、沙子、细小沉积物和木质碎片（"障碍物"）等。

水生大型植物：沉水和浮水植物。

8.3.3　对鱼类分布和相关生态条件数据的整理和分析

所需的生态信息可以在相关资料（Weeks 等，1996；Russel，1998；Skelton，1993；Bell-cross 和 Minshull，1988）中找到，例如文献、鱼类手册等。如果记录的数据很少，建议从当地鱼类专家或老渔民那里获取信息。

1. 鱼类流量和栖息地要求

在每个被识别的地貌区域中发现鱼类物理栖息地。根据浅滩、急流、深潭、回水和河道等的存在和相对丰富度，可以将这些信息制成表格。对于每个地貌区，可以按以下方式整理每种鱼类的生态信息。

（1）制定栖息地和流量要求，包括深度和速度要求和有关不同生活史阶段典型栖息地的可用信息（即卵子、鱼苗、幼鱼、亚成鱼、成鱼）。如果可能，提供定量详细信息，或遵循半定量或定性方法。Oswood 和 Barber 的方法可用于对速度—深度等级进行分类（Oswood 和 Barber，1982）。

（2）根据基质、边缘和悬垂植被、河岸切口和根部区域等特征，列出所有生命历史阶段的覆盖特征。尽可能提供定量详细信息，或遵循半定量或定性方法。

（3）确定指示性、代表性或对特定物理和化学条件敏感的鱼类。如果可能的话，确定物种和生命历史阶段，这些阶段是慢—浅、慢—深、快—浅和快—深流量深度类别和特定覆盖类型的特征。

（4）整理育种要求和特征的信息，包括繁殖季节的时间和长度、繁殖力、繁殖刺激、迁徙和产卵栖息地。指出其与流量状态的任何联系。

（5）对不同种类河流的物种耐受性进行分类和制表，如下：

耐受：在任何生命历史阶段都没有特殊流量要求的物种——这种物种可以在低流量情况下存活和繁殖。

适度耐受：在特定的生命历史阶段需要流量的物种，如繁殖和迁徙。

不耐受：在所有生命历史阶段都需要流量的物种。

（6）对物种对水质变化的耐受性进行分类和制表，如下：

耐受性：对水质变化适应相对较强的物种。

适度耐受：能够承受水质变化的物种，但某些生命历史阶段可能对变化敏感。

不耐受：物种只能承受非常有限的水质变化，因为所有生命历史阶段都对变化敏感。

（7）根据栖息地和覆盖偏好对物种进行分类和制表，如下：

耐受：没有特定栖息地或覆盖偏好的物种。

适度耐受：在某些生命历史阶段偏爱某些栖息地和覆盖类型的物种。

不耐受：在所有生命历史阶段具有特定栖息地和覆盖要求的物种。

（8）根据食物偏好属性对物种进行分类和制表，如下：

耐受性：没有特殊食物偏好的物种。

适度耐受：具有中等程度食物偏好的物种。

不耐受：具有高度食物偏好的物种。

2. 生物完整性

使用鱼来评估 BBM 中的生物完整性通常不如河流健康计划中生物监测调查的详细。河流不同区域鱼类组合的生态学信息可以用于获得河流生物完整性。这些信息补充了其他生物评估的信息，例如水生无脊椎动物和栖息地完整性。在对鱼类组合进行全面抽样的情况下，可以使用 Kleynhans 方法（Kleynhans，1999b）或《长江流域水生生物完整性指数评价办法（试行）》对河流的生物完整性进行分类。还有一种方法是可以基于在最低限度受损条件下实际存在的预期鱼类组合的比较，这种方法类似于栖息地完整性分类。将鱼类组合划分为特定类别的具体要求，应根据区域内站点和采样点中栖息地的鱼类制定：

（1）预计在特定区域存在的鱼类及其每个栖息地都被用于描述参考条件。

（2）将实际捕获的特定站点和栖息地的鱼类与参考条件进行比较。

（3）根据对预期情况和观测情况的分析，现场的鱼类组合按照表 8-3 中的通用标准进行分类。在这种分类中考虑了不耐受水平的信息（不耐受物种对环境干扰敏感和自然条件的相关变化），以及物种的栖息地和营养特征。产生分类的原因应该是一致的并且可解释的，即使它们不是基于定量数据得出的。

表 8-3　　　　　　　　使用鱼类评估生物完整性的一般级别

级别	预期的鱼类组合
A	未改变或接近自然条件下发生的
B	接近自然条件，很少改变。可能已经发生了组合特征的轻微变化，但物种丰富度和不耐受物种的存在表明这种情况非常轻微
C	适度的自然变化。物种丰富度和不耐受物种数量低于自然条件。在这种范围的底端，鱼类健康的某些损害可能是明显的

续表

级别	预 期 的 鱼 类 组 合
D	大部分由自然改变而成。物种丰富度低于天然，不耐受或中度不耐受的物种，其数量不足或减少。在该范围的底端，鱼类健康受损可能会更加明显
E	严重自然改变。物种丰富度明显低于自然条件，不耐受和中度不耐受物种大多不存在。河流健康受损非常明显
F	从自然界进行严格改变。物种丰富度极低，不耐受和中度不耐受物种缺乏。只有耐受性物种存在，同类物种的低端物种完全丧失。河流健康受损非常明显

注　来源于 Kleynhans，1999。

3. 基于鱼类的生态重要性和敏感性

关于河流生态完整性的数据以及鱼类的分布，可以有助于评估河流的生态重要性。此外，有关鱼类的现有生态信息可用于评估河流对各种形式环境干扰的敏感性。因此，应对以下任务进行评估，以便得出被调查河流区的生态重要性和敏感性。

（1）根据鱼类数据手册评估鱼类的保护状况。该信息可在国家、省级或地方级鱼类保护部门获得，通常也可以从当地专家那里获得。

（2）注意从保护角度来看具有其他重要性的独特物种或其他物种的存在，例如那些具有地方性或具有遗传独特种群的物种。如果可能，请在国家、省等范围内说明相关性。

（3）确定河流中鱼类的物种丰富度，尽量以量化的数值表示出河流中鱼类的物种丰富度，并比较不同河流区域和不同河流的值。

（4）使用有关鱼类对各种环境条件耐受性的信息时，需要表明河流对各种形式干扰的敏感性。例如，在所有生命阶段中存在大量需要流量的物种，这直接表明河流或河流区域对流量改变具有高度敏感性。

8.4　最小和理想数据集

最小和理想数据集是连续统一体的两个极端，并且实际数据集通常介于两者之间。关于最小数据集的决定条件是否充足，或者是否需要更多的综合数据集，这些取决于诸如当前和理想状态下的河流生态完整性及其生态重要性和敏感性等因素。

最低数据集将包括河流中最近发现的鱼类物种历史记录，以及对最敏感物种或生命历史阶段与流量有关的栖息地需求的基本情况。如果没有数据或只有少量的历史数据，则应在研究区域的每个指定区域至少进行一次鱼类调查。该调查应在低流量季节结束时在选定的 BBM 站点进行，因为这通常代表鱼类生存的最关键时期。

理想的数据集将包括研究区域内所有鱼类的完整性、代表性、历史和当前记录，以及所有正在调查的地貌区域中所有生命历史阶段流量的相关要求。能够为所有指定的 BBM站点提供详细的鱼类信息也是比较理想化的情况。但是，这些数据集很少可用，可能需要数年才能编制完成。

在确定鱼类的流量要求时，了解每个 BBM 站点在一系列已知流量上可获得的不同物理条件的范围和面积范围至关重要。这些信息应来自干湿季节以及最重要的物种和所有站点。这将有助于在高流量季节识别重要的产卵区和繁殖区或其他关键生境，以及低流量条件对鱼类造成的潜在威胁。必须要记住的是，BBM 站点通常并不是理论上最合适的站点，但应具备以下特征：可以很好地说明鱼类与流量状态之间的关系，并且需要对那些允许对局部水力学进行合理精确建模的站点进行建模。可能有必要从 BBM 站点补充来自其他站点的鱼类生态信息。

8.5　研讨会前的工作

编纂拟议文件，BBM 研讨会拟议文件章节的目的是使研讨会参与者能够了解鱼和河流之间的关系。它还提供了可用于估算研究区域内河流的生态重要性、敏感性和生物完整性的数据。该文件应简明扼要，仅提供与调查有关的信息。它应主要包括整理信息表和适当的简短讨论。应包括以下主题：

（1）可能存在于每个地貌区物种的清单，并且表明其在国家、省等范围内的保护状况，说明任何独特或其他的重要物种。

（2）每种鱼类的栖息地适宜性数据，表明不同水力和其他物理和化学条件下的偏好和耐受性。

（3）可能存在物种的清单，以及每个 BBM 站点实际存在的物种清单。对每个站点的生物完整性进行分类，并以每种区域的通用方式进行分类。如果可能的话，则应在现场提供详细信息。如果在研讨会之前提供此信息，则应尝试将鱼类需求与水力横截面相关联。

（4）关于所有或选定鱼类的流量和其他栖息地要求的结果可以表明每个生命历史阶段的差异。应确定敏感和指示物种以及物种所处的生命阶段，这对于代表生态系统用于与流量相关的测定与估计是有用的。

（5）根据鱼类组合数据得出河流生物完整性等级的结论。

根据调查的范围和目的，研究应涵盖以下方面：

（1）审查研究区域内鱼类的所有地理分布记录。在此类信息稀少的情况下，还应参考类似的可比河流。

（2）对每个 BBM 站点所有栖息地的鱼类进行调查，以提供其分布和丰富度的数据。如果 BBM 站点不能代表所有鱼类栖息地，则还应对附近的其他站点进行采样。

（3）提供调查期间实际发现的所有鱼类的保护状况，以及根据历史信息可能存在的鱼类保护状况。

（4）根据目前的调查和历史信息，根据鱼类组合得出河流生物完整性的近似估计。

（5）利用所有可获得的文献和当前调查的结果，整理河流中所有鱼类所有生活阶段与流量相关的栖息地要求的数据。

8.6　研讨会的任务和责任

在 BBM 研讨会上，从鱼类生物学家的角度介绍了目前河流的生物完整性和生态重要性，以及每个指定区域与鱼类流量相关的要求。根据参与者阅读拟议文件的理解，总结要点，重点是与鱼类相关的流量需求。如果在后面的小组讨论中需要更多细节，鱼类报告的作者向研讨会参与者解释所有相关鱼类不同生活阶段与流量相关的栖息地要求。

在研讨会上需要做的事如下：根据鱼类种类，制定生态管理等级规范；向研讨会参与者提供区域内鱼类与流量有关的栖息地要求的建议；根据鱼类组合，对河流的当前生物完整性进行评估和解释。

8.7　研讨会后的任务和责任

在研讨会之后需要做的事主要有完成研讨会拟议文件中鱼类章节的最终版本；以鱼类所需流量为目的，审查研讨会报告；根据预期存在的物种及其在预期生态管理等级下的预期丰富度来定义生态管理等级。这些定义的生态管理等级将构成未来监测计划的基础。

研讨会的鱼类报告经常在无法查看 BBM 团队其他专家撰写的报告的情况下编写。其中包括许多相关信息，例如区域的地貌分类和水质评估，可能在研讨会之前无法获得，应该被纳入报告的最终版本中。此外，鱼类专家可以参加研讨会，他们的专业知识可能对了解鱼类的流量要求有重要作用。在适当的情况下，这些知识也应包括在报告的最终版本中。

8.8　总结

由于生物多样性以及在其各个生命阶段所需栖息地的多样性，鱼类可提供对河流生态系统流量要求非常重要的信息。目前，由于缺乏量化的生态信息，在生态流量评估中使用鱼类往往受到阻碍。因此，可获得某些生态信息的物种通常被用作一般流量相关要求的替代物或指标。此外，即使对于许多经过充分研究的物种，它们的所有生命历史阶段中与流量相关的要求也未被充分了解或被考虑在内。为了更好地利用鱼类作为 BBM 的一个组成部分，迫切需要进一步研究以掌握鱼类物种详细的生态信息。

第9章　河流中无脊椎动物调查研究

无脊椎动物也是河流生态系统中重要的组成成分，且发挥着重要作用。它们保存和分解有机物，回收矿物质和养分，为河流中的能量循环做出贡献。因此，水生无脊椎动物也可被用作河流流量要求的生物指标。

9.1　河流结构、功能和管理中的水生无脊椎动物

在 BBM 的应用中使用的水生无脊椎动物是在河床或沿着河道边缘发现的那些昆虫（通常是幼虫形式）、蠕虫、软体动物和甲壳类动物。它们的形态、生活史、生态和栖息地要求十分多样化，这些群体比其他任何生物群体更常用于表征和监测河流状况。此外，它们体积小且相对固定，便于收集。但是由于它们的体型较小，通常很难在物种水平上对它们之间存在的细微差异进行识别。对于那些希望研究无脊椎动物的人来说，这些问题的部分解决方案是制定监测活动的指标，这些指标只需要在科属层面进行识别。SASS4 方法（Chutter，1994）提供了一个这样的指数，能够在更精细的分类水平上消除误差。无脊椎动物在河流功能中发挥着重要作用。他们负责保存和分解有机物质，回收矿物质和养分，并在不同营养水平的河流中为能量流动做出贡献。大多数底栖无脊椎动物是有害动物，有些是食草动物，还有一部分是食肉动物，如蜻蜓幼虫等。其他可能较小的影响，包括有机物质进出河流，以及建造、黏合或使泥沙和沙子的小颗粒相互作用等结构性活动。穴居无脊椎动物，如蠕虫，可能对沉积物透气和释放营养物质很重要。

9.2　结构单元法中的水生无脊椎动物研究

在 BBM 中，水生无脊椎动物与鱼类和河岸植被一起被用作河流流量要求的主要生物指标。专家可以在不同季节使用不同栖息地中无脊椎动物的多样性和丰富度的知识，建议维持或改善与指定的生态管理等级和目标相关的河流健康所需的流量条件。保持无脊椎动物群落的生物多样性也很重要，设定流量以优化其自然多样性和丰富度是 BBM 的目标。此外，尽管 BBM 主要用于评估河流的水量要求，但它也可以通过水质部分识别流量和水质之间的联系。SASS4（Chutter，1994）主要用于反映河流在有机物富集方面的状况，还可以提供河流健康的总体情况，特别是在解释与栖息地的可用性有关的情况下。在 BBM 中，SASS4（Chutter，1994）用于帮助评估并设置生态管理等级，以及检查水质评

估产生的结果。

不同的无脊椎动物物种对零流量或无地表水的条件具有非常不同的耐受性，并且在干旱条件下以不同的速率重新繁殖。即使在永不干涸的河流中，许多蜉蝣生物也不能在无流量条件下生存很长时间。因此，当正确收集和使用时，无脊椎动物数据可用于帮助确定可能需要的一系列与流量相关的条件。无脊椎动物和鱼类数据通常用于确定所需栖息地的类型和水力条件，无脊椎动物也用于表明生物群对水质变化的脆弱性。

9.3　工作流程

先确定研究区域，再查询相关历史数据和收集无脊椎动物数据，之后再分析研讨会的数据。

9.3.1　查询相关历史数据

（1）完成对河流无脊椎动物历史调查数据的文献检索，以确定物种的时间、空间分布、化学变量、物理变量和水力生境的相关数据。

（2）从类似的生态河流区域中找到类似的历史数据。

（3）调查国家和区域无脊椎动物数据库以获取类似数据。

9.3.2　收集无脊椎动物数据

（1）确定采样点。例如如果其他地方有更好的栖息地，这些可能不一定在 BBM 站点之中。但是，采样点需要足够靠近 BBM 站点，以便在研讨会现场考察时查看，并且采样点应该能够代表正在评估的河流区域。

（2）在每个主要栖息地的每个地点收集无脊椎动物样本，最好在雨季和旱季至少收集一次。记录相关的栖息地信息和水质条件。使用 Rowntree 和 Wadeson（1999）对水力生物群落的描述可以区分主要栖息地。栖息地和水质信息应至少记录以下信息：电导率、pH、温度、溶解氧、浊度以及采样的栖息地说明。

（3）在每个无脊椎动物采样点，测量平均速度（水深为 0.6m 处）、水深和基质粒径，并记录可用的水力。

（4）在可能的情况下，将每个样本中的试样确定为物种水平，并从文献中确定每个栖息地与流量相关的关键或敏感物种。

9.3.3　分析研讨会的数据

（1）计算 SASS4 分数（在科属层面）（Chutter，1994），或者如果相关文献资源和专业知识可用，则将无脊椎动物识别为更详细的分类级别。还可使用诸如 McMillan（McMillan，1998）综合栖息地评估系统（IHAS 第 2 版）之类的方法计算相关的栖息地得分。

（2）根据历史数据或可比较的相似流域确定每个 BBM 站点及其覆盖范围的参考条件。

（3）对当前生态状态进行分类（A～F 级），并与参考条件进行比较，以评估河流与自然条件的变化程度。

（4）根据测量数据和历史数据，确定与每种敏感物种相关的水力条件。使用此选项可以推荐用于提供生态管理等级中指定条件和河流目标的流量。

9.4 研讨会

9.4.1 需准备材料

研讨会前需要准备以下资料：

（1）为 BBM 研讨会准备拟议文件的报告。

（2）在研讨会上，确定生态管理等级（A～D 级）和河流流量相关的管理目标，以维持该类无脊椎动物群。

（3）使用水力平差范围的数据，特别是敏感物种的数据，结合横截面数据，给出对关键月份的基流和枯水期流量的建议，以便将无脊椎动物保持在推荐的生态管理等级范围内。

9.4.2 研讨会内容

1. 研讨会拟议文件

拟议文件中无脊椎动物章节提供了无脊椎动物专家的观点，供 BBM 研讨会的其他专家审查，并作为研讨会期间无脊椎动物专家的参考文件。它还可作为河流参考文件，供研讨会报告的作者以及日后重新审查研讨会结果的任何人参考。

因此，拟议文件应包含以下信息：

（1）对正在研究有关河流无脊椎动物的文献和数据库进行审查。根据河流的历史条件对可用信息进行查找。它应包括对可用细节水平的评估，以及对其准确性和对数据可信度的证明。

（2）根据无脊椎动物群落评估研究区域的参考条件。如果没有直接信息，这应该从类似河流的数据推断出来。参考条件应包括对河流中目前尚未发现但可能存在的任何物种的描述，并应确定当前无脊椎动物群落可能发生变化的原因，例如水质恶化或栖息地结构变化。

（3）评估无脊椎动物群落的当前生态状态，包括对所调查的站点和栖息地的描述；描述所用的数据收集方法；每个站点每个栖息地的物种清单；对 SASS4 结果的分析。

（4）确定任何与流量相关的关键或敏感物种及其栖息地。这些作为指标物种，其容许范围内的信息将是用于描述维持所需无脊椎动物群落的流量要求最常见的数据。

（5）根据最常见的深度、速度、基质类型和覆盖条件或物种自然多样性，对这些物种和群落的耐受范围进行分析。

在研讨会上，拟议文件中的信息最初用于帮助专家组决定合适的生态管理等级（来自 A～D 级），并设置河流管理的具体目标，以维护与该生态管理等级相关的无脊椎动物群落。一旦确定了生态管理等级和具体目标，无脊椎动物专家应使用拟议文件中的信息来判断 BBM 确定的生态流量。这些将是维持或创建栖息地条件的流量，因此应确保维持或实现生态管理等级及相关目标。

2. 研讨会的任务和责任

在 BBM 研讨会上，无脊椎动物专家负责解释推荐生态流量需求的每个步骤，以及对无脊椎动物群落的影响。

研讨会首先实地考察每个 BBM 站点，可能会进行一些额外的抽样，特别是在季节或水位与收集之前的样本不同时。这种抽样很少会超过 SASS4 级别的粗略调查。在每个站点，无脊椎动物专家总结了无脊椎动物群的条件和当前的生态状态，并指出了重要栖息地等特殊功能。

在研讨会期间，无脊椎动物专家需要陈述无脊椎动物群的当前生态状态，这样有助于评估生态重要性和敏感性（Kleyhans，1999a），并从无脊椎动物的角度确定建议的生态管理等级和流量目标。专家建议的生态管理等级将基于生态重要性和敏感性评级、当前生态状态以及他们对可实现哪些改进的看法达成共识。

根据自然基流和干旱条件下的基本流量和较高流量，将逐月考虑瞬时流量。无脊椎动物专家参照维持无脊椎动物群落的目标，确定了这些流量类别的限制要求。无脊椎动物专家使用拟议文件或附带数据集中的信息，根据水深、流速和湿周定义了这一必要条件。水力系统参考横截面数据将这些要求转换为流量。同样，在基流期间可能需要更高的流量来冲刷浅滩上鹅卵石中的淤泥，以维持无脊椎动物的居住环境。在这种情况下，无脊椎动物专家和地貌学家需要与水力建模师一起确定水文情势以实现这一目标。如果无脊椎动物专家建议的特定月份和流量类别的流量满足所有其他生态系统组成部分的要求，则该流量将成为修改后的水文情势（生态流量需求）这一部分的推荐流量。

研讨会的核心是各专家的讨论，必须达成共识。以便在基流和干旱年期间满足所有生态系统组成部分每个流量的合理需求。每位专家还评估每个站点是否适合设置生态流量需求的任务，以及所得建议的可信度。

9.5　水生无脊椎动物完整性指数构建及计算

建立生物完整性指数的基本步骤（芦康乐等，2018）包括：①研究区生态分区，确定参照河流区域和非参照河流区域；②基于参照湿地生物数据，选择生物指标，构建候选生物指标体系；③通过对候选指标参数值的分布范围、判别能力和相关分析，筛选并建立核心评价指标体系；④确定生物完整性指数的评价标准，得出综合评价结果。

采用比值法（王备新等，2005），计算水生无脊椎动物完整性指数值。具体方法是：对于随着干扰强度增大而数值减小的指标，以 95% 分位数的指标值为最佳期望值，样点指标分值＝实测值/最佳期望值；对于随着干扰强度增大而数值增大的指标，则以 5% 分位数的指标值为最佳期望值，指数分值＝（最大值－实测值）/（最大值－最佳期望值）。该方法规定，经计算后的分值范围为 0～1，如果大于 1，则都记为 1，对于计算结果求和。

利用 SPSS 20.0 统计软件，进行数据统计分析。首先，对数据进行正态检验和方差齐性检验，当未通过检验时，将所有原始数据进行对数转换，直到数据符合条件后，进行相应的相关性分析。利用 Excel 2010 软件，计算各指标平均值、标准差和四分位数。利用 Origin8.5 软件进行绘图。

最后参考其他健康评价标准（Zhang 等，2007）的设定，以参照河流水生无脊椎动物完整性指数值分布的 25％分位数作为健康等级划分的临界点，再对小于 25％分位数的分布范围三等分，确定无干扰、轻度干扰、中度干扰和重度干扰 4 个等级的划分标准。

9.6 最小和理想数据集

应用于 BBM 的基本数据集将来自于对所有 BBM 站点中所有栖息地的无脊椎动物群的调查，其中动物被确定为种群级别或更进一步的水平。该数据集用于评估河流的现状，并根据生态管理等级和目标建议维持或改善河流的流量。

数据集可以在 BBM 研讨会的准备阶段创建，尽管可信度较低，但可以单独提供基于流量要求的线索。单一调查不可避免地显示了无脊椎动物群落数据的不完整性，因为采样中许多物种会被遗漏或样品物种没有代表性，并且数据仅反映的是一个季节的群落构成。然而，由于许多设定流量要求的线索都是基于河流在任何一次流量时可用的栖息地类型，因此通常可以从可用栖息地的清单中推断出整个群落。根据一级物种调查进行生态流量评估的主要限制是关于关键或敏感物种的信息不充分。这一点至关重要，因为流量建议通常与这些物种的栖息地和水力需求相关，假设如果满足了它们的要求，那么其他相关利益方的要求也应该得到满足。

应用于 BBM 的无脊椎动物的理想数据集如下：

（1）所有季节中每个河流区所有栖息地的无脊椎动物的历史数据集，最好是在人类对河流造成严重影响之前。在可能的情况下无脊椎动物将被识别为物种水平，并记录每个物种的相对丰富度。这样的数据集提供了用于判断后续变化的参考条件。

（2）每个 BBM 站点的当前数据集，需要拥有与上面相同的详细程度，用于评估河流的当前生态状态。

（3）根据速度、深度、基质类型和覆盖范围，对来自每个栖息地中选定敏感物种的水力生境耐受范围进行定量测算。这些信息以及横截面数据将可以识别可能发生群落变化的流量。

即使有这些重要的信息，关于物种的关键生命阶段的流量要求，例如繁殖和产卵阶段，仍然存在不确定性。通常不可能在 BBM 研究中收集这些详细的生物信息，但这些数据应在区域基础上逐步编制，作为生态流量评估的一般参考数据。

9.7 研讨会后的任务和责任

所有专家都需要检查 BBM 研讨会报告中的流量建议，并可能需要参加以下方案会议。

在研讨会之后，建议的生态流量需求作为水资源的需求之一输入到输出模型中。由于流量管理的可能性总是存在限制（取决于储存容量和对水的其他需求），模型输出的结果可能表明生态流量需求只能在一定的时间内得到满足。可以开发多个方案，每个方案阐述水生无脊椎动物群体需求的不同组合、然后再输出是否满足建议的生态流量需求。无脊椎动物专家需要检查这些方案，并评估无脊椎动物及其栖息地对任何未能满足不同生态流量需求生态影响。然后，BBM 团队中的所有专家一起根据其生态后果的严重程度对方案进行排名。例如，一种方案可能会造成最小干旱流量水平的降低，而另一种方案会造成干旱流量期的延长，但都处于建议水平。

9.8　总结

由于无脊椎动物丰富的多样性，无处不在，易于采样和响应，它们构成了河流条件中最有用的指标，应该是 BBM 过程和后续监测计划的核心。如果成本和可用资源很少，则可用资源需要最有效地用于生态系统中的无脊椎动物组成部分的研究，用以产生最大成本回报。随着南非河流生物监测河流健康评估计划在全国范围内的开展，无脊椎动物数据库正变得越来越充实，必要时可借鉴参考。

第10章 河岸的植物调查研究

植被是河流生态系统的主要成分，它履行了许多功能。例如，稳定河道、影响水质和水温、为水生动物提供栖息地等。河岸植被的分布情况以及其对区域的划分都与流量的不同规模、持续时间、重现期相关联，因此可以使用植被来建议未来的流量状况。

10.1 结构单元法中的植被研究

河岸植被是 BBM 中常用于生态流量需求总体评估的三种生物组分之一，另外两种是水生无脊椎动物和鱼类。与其他生物成分不同，水生植物主要是低流量和高流量要求的良好指标。

根据河段的特征，河岸植被通常占据相对于河道的一系列位置，见表 10 - 1 (Boucher，1998；Boucher 和 Tlale，1999)。在湿润区域的边缘经常发现以湿地草皮和莎草形式出现的边缘植被，而其他草本和木本植物可能占据大河道河底或河岸以及远离河流的其他区域，这种河岸植被的广泛分布，以及它对垂直区域的独特分区，与不同大小、持续时间和重现期的高流量和低流量相联系，为 BBM 如何使用植被来建议未来的流量状态提供了基础。每个植被区都有特定的淹没模式，见表 10 - 1，并要求在河流系统中继续存在近似于自然水文情势的流量。利用这些知识，可以建议维持植被的流量。这些建议不能单独使用，而是需要与其他生态专家提出的建议相结合，就生态流量提出全面的建议，从而达成共识。

表 10 - 1　　　　　　　　河流植被区与流量状况之间的关系模型

地　点	植被区	洪泛间隔	缩写	标　记
干浅滩	返回动态过渡区域	大于 20 年洪流	BD	碎片线
	树灌木区	大约 20 年洪流	TS	
	降低动态过渡区域	年内洪水	LD	
湿浅滩	灌木区	湿季淡水	WS	河岸底部干燥顶部湿润
	薹区	湿季低流	WE	
水生植物	根植水生植物过渡区	干季淡水	AM	多年性自由水
	藻类	全年干季低流量自由水	AA	

由于关于河岸植物与河流之间联系的资料普遍缺乏，以及通常与河流相关河岸带的复杂性，植被生长状况与河流流量之间的关系在很大程度上依赖于专业经验和判断。

藻类是水质变化的短期指标，藻类变化可以推断前几天或前几周主要水质变化的情况。藻类大量繁殖通常是营养物富集或水域停滞的结果。有些藻类是有毒的，这对养殖户或野生动物会产生不良后果。

沉水植物表明有相对平静且长时间存在的水，并且水必须相对清澈、营养成分低。苔藓发生在基质上，一次保持湿润几个月。如果水位在几个月内保持相对恒定的水平，某些苔藓物种可能会稳定在岩石或堤岸非常浅的水中。

河岸带的草本植物群提供了有关短时间跨度条件的信息，一年一遇的情况通常为 1~2 年（例如苍耳草等外来杂草），或多年生草本植物的情况下为 2~5 年 [例如莎草（*Cyperus textilis*）]。一年生植物是受干扰地区的第一个"殖民者"，发生在沉积、侵蚀或被大量利用的地区。一年生植物高覆盖百分比表明对沙子等不稳定基质存在定期扰动。沿岸的多年生草本植物响应是间歇的，通常是规则的应力条件，其特征在于周期性但经常被相对浅的水（例如约 0.25m）淹没的区域，然后再次暴露。从波动的流量水平到长时间恒定流量的变化导致该元素变得更密集。区域的宽度可以减小，因为它由淹没水平的变化确定。

河岸灌木，例如沙柳（*Salix mucronata*）可用于解释中期（5~25 年）的主要河岸条件。然而，水位的年度差异以及从干旱到潮湿年份的区域气候变化也会影响一些灌木的开花反应。

土著树木，例如非洲衫（*Celtis africana*），别名白臭木，通常可以存活至少一个世纪。他们需要特定的事件和条件来生长。他们的存在与否以及他们的状况（发育迟缓或过剩）可以表明极端性事件的发生，例如非常潮湿的周期。外来树木物种的入侵和定殖是间歇性的，人类的利用可能会对这个因素造成严重破坏。

10.2 工作流程

首先需要识别和选择 BBM 站点；然后进行数据收集和数据分析，编纂研讨会拟议文件；开展研讨会，就生态流量达成共识；最后研讨会之后将环境问题和工程问题联系起来。

10.2.1 站点选择

第一项活动的目的是识别和选择 BBM 站点，这些站点具有使每个专家能够就流量提供建议以实现指定生态管理等级的特性。从河岸植被的角度来看，这需要尽可能地使用具有健康性、代表性和指示性的本地河岸植被的站点。活动优先在低流量条件下进行，以便评估尽可能多的植被。可能的站点首先通过遥感影像进行研究，然后实地考察。GPS 对于精确定位站点和测量线起到非常重要的作用。

根据植被标准选择站点，选址要求如下：

（1）考察研究区内的一些易于实地考察的站点，以便了解并研究河流沿岸植被的性质。

（2）通过研究区域的航拍视频确定天然植被覆盖的最佳地点；确定比植物学所需更多的站点，因为选择过程是需要多学科审查筛选的，一些符合植物学要求的站点可能不符合其他学科要求。

（3）作为 BBM 团队的一部分，需要实地考察这些站点，并在最终选择站点之前评估每个潜在站点。

BBM 站点的当前植被状态根据其物种组成、大小、年龄结构、增长率以及相对于河流和宏观河道基底、堤岸的分布和分区进行评估。此后，随着时间的推移发生的明显河岸植被动态变化被认为与现有的物理、水文条件以及在现场发生的非流量相关干扰有一定联系。河岸带经常受到高度干扰，因此可能完全或部分缺乏河岸植被，特别是木本植被。因此需要开发站点动态的整体情况，然后用于确定历史水文特征对植被现状的影响程度。

在选址时也会考虑其他功能。例如，植被应该能够代表所研究的河流范围。例如，位于冲积河段内的站点应该具有显示冲积特征的植被，包括该地区典型的河岸物种。存在的植被具有某种形式的指示值（即指示物类型或物种）也是必要的。这种植被将包括具有已知或部分已知流量需求的物种，或其分布模式、年龄结构由该站点河流的特定流量相关特征确定。

考虑到这些因素，最终决定从植被角度选择站点。目前的植被状况主要通过现场的水文特征来解释。非流量相关扰动是植被状态的主要决定因素，对评估流量要求的作用比较小。通常造成这种情况的原因是用于农业、燃料或建筑等目的的大规模植被清除或过度放牧。

理想的站点应具备以下特征：

（1）有各种不同的土著河岸物种，它们代表了特定的范围，具有足够大的主要或特征物种种群。

（2）对于大多数物种而言，特别是主要的和选定的关键物种应包括从幼苗到成熟个体的所有生命阶段。

（3）有不同流量和其他环境梯度相关的一系列植被带。

（4）河流与河岸带之间建立了连通性。

（5）明确植被区域的垂直定义，表明对流量相关条件的敏感反应。

（6）具有易于实地考察的两个河岸。

在这些植被不完整或不存在的情况下，区域的河岸植被和植物群的情况可以帮助获得关键特征，例如存在的花卉物种与流量水平之间的关系。然而，这为相关的流量建议引入了不确定因素。即使具有优良植被属性的地方也不一定能够在最终选择过程中被确定为站点，因为选址是一个多学科的综合过程。为了获得最佳的整体站点，可能需要在一个理想的地点与另一个理想地点之间进行权衡。例如，选址小组可以选择具有不太理想的植被特征的站点，但可能这个站点更利于高质量的水力建模。

选择 BBM 站点的主要方式是通过河道横截面进行选择。植物横截面被称为"横切面"，反映出它们具有的宽度和长度。在每个站点，至少建立一个并还需优选三个或更多个横断面以确定和描述基质和植被之间的关系和分布。植被样带的选择是通过优化重要植物物种的数量和通过其生长的植被区域来完成的。可变横断面宽度可用于容纳不同种类的植被，例如，树木区域的那些部分比覆盖草本植物和苔藓的部分宽。其他专家也需选择合适的横截面或横断面，但最终与选址一样，只能选择有限的数量来定站点，可能需要在

BBM 全体团队的共识下做出决定。

调查选择的横断面，其中包括指示植物种类和植被区范围等重要特征。在测量线上定位的重要植物是那些对流量要求相对明确的植物，或者那些位于具有特定流量要求区域中的植物。例如，在一些小河道中的一片香蒲（*Typha capensis*），在芦苇床内的榕树幼苗或在大河道基底上的主要木本植物的成熟个体，都被认为是潜在的重要植物。所有重要的植物和区域都需要在初始现场调查期间进行识别，并标上颜色鲜艳的塑料苗圃标签。然后使用永久黑色记号笔从大河道库的顶部朝向水的边缘按数字顺序对标签进行编号。编号从对岸的水边一直延续到对面大河道的顶部。

10.2.2　数据收集

对于河岸带内的每个样带和植被区，记录物种数量，每个物种的覆盖丰富度和结构。每个植被区域的样本大小是可变的，这取决于区域的宽度和可以在视觉上评估的长度，其通常在十米的量级。基本要求是将每个要素所涵盖的比重按百分比进行评估。小苔藓不能在很大范围内进行评估，因为它们无法在远处识别。从远处可以看到树木，因此可以在更广泛的区域进行树木的评估。因此，在调查过程中，高大的植物或较大的单个小块植物（不在样带边界内，但在附近）需要被放到样带上进行记录。应记录每个植被区域中样带的宽度，每个区域内每个物种占据的面积要按每个区域估算。

当时间有限时，对已知具有特征（在植物生物学意义上）、重要（局部突出）或很重要（植物学或经济学）的物种优先记录。这些物种提供了大部分信息，但它们的选择可能会对当地其他重要物种的记录产生妨碍。

对于每个样带，还需要完成一般坡度、坡向、海拔高度和相邻流域特征以及每个岸上相邻植被的记录。记录每个植被区内所有相关环境特征的精确信息，包括每个区域上下边界水位以上的坡度、水平距离和垂直高度的数据。测量人员应该能够从横断面调查中提供许多这类数据。注意沿着横断面的基质类型，并从每个区域采集表面土壤样品。需要在动物或人类活动可能对植被产生影响的情况下，留意不同区域内的任何侵蚀、沉积或其他干扰的迹象。记录历史河道变化的迹象，以及它们可能对植被的影响。

在研究的预算和时间限制内，尽可能多地收集站点数据，优先在不同季节期间以不同的流量水平进行收集。因为这有助于理解造成物种的空间和时间分布的决定因素及其各种大小等级。收集不同季节以及不同大小流量期间的数据，特别是在低流量情况下收集的数据具有相当大的价值。

表 10-2～表 10-5 提供了可在植被数据收集期间使用的数据表的示例（仅作为示例）。它们提供以下类型的一般信息，如河名、BBM 站点编号、现场坐标、考察日期、截面数量、绘制的站点草图或横截面轮廓、其他相关站点说明等。

沿着样带收集的植物学信息将与个体调查的横截面相关联，并记录在各种数据表中，记录的信息有：

（1）植物编号的起点，例如左侧浅滩或右侧浅滩的顶部。

（2）植物种类或植被区名称/描述。

（3）植物或植被区的数量（区域在每个垂直边界标记）。

（4）各种植物种类和区域边界的位置，以辅助调查后来的 BBM 活动。测量者使用表

10-2 中所示数据表的副本，以确保调查所有样点。在植被茂密且标签难以找到的情况下，这一点尤其重要。

（5）植物的大小等级和物候状态（草本、幼苗或以米为单位的近似高度）。

使用表 10-2 和表 10-3 中所示的形式收集的数据也适合于使用植物社会学分类和排序技术进行比较。

在每个 BBM 站点收集的其他数据涉及与实地考察流量水平相关的站点和植被特征，以及植被对先前流量水平的响应。这些数据在 BBM 研讨会期间广泛使用，并形成了许多流量建议的基础内容。每次实地考察站点时都会收集此类信息。很难提供应该收集的数据类型列表，因为这在不同站点之间存在很大差异，但是为标记植物特有的物候数据收集提供了一个示例（表 10-4）。为了最大限度地利用这类信息，植被生态学家应该能够在其脑海中形成关于站点的重要生态过程，它们在不同流量条件下的运作以及它们如何相互关联。同样重要的是，河岸环境中的各个区域被清楚地标示在一个横截面尺度上，横截面上包含高于水位的高度和距水流边缘的距离。这些方面通常在单次现场考察期间没法完全阐明，并且需要在不同时间进行多次考察，特别是在诸如洪水事件或不同的低流量水平事件之后。

在每次访问时从各个角度拍摄站点和横断面的照片。这些提供了有价值的记录，也是 BBM 研讨会期间重要的参考资料。

表 10-2　　　　　　　　　　在 BBM 站点完成的植被数据表示例

河流：
BBM 站点编号：　　　　　　　　　　横截面：
河道类型：

编号	物种名称	高度/m	河岸	宏观河道的位置	基质类型	垂直位置/m*	侧位/m**
1							
2							
4							
5							
7							
8							
9							
10							
11							
12							
13							

*　配置文件中最低河道级别上方的垂直高度。

**　距河流边缘或最近河道边缘的距离。

表 10 - 3   河流植被数据的完整收集表格示例

河流植被数据采集表			记录人：		样区编号：	
河流（项目）名称：			日期：		区位	
海拔：	角度关系：	考察人员：	地质类型：		地貌：	
纬度：	经度：	落角：	距离：		照片编号：	

项目		区域 1	区域 2	区域 3	区域 4	区域 5	区域 6
样区名称							
样区面积/m²							
植被覆盖率/%							
落叶覆盖率/%							
土壤深度/m							
基层名称	鹅卵石含量/%						
	沙子含量/%						
	淤泥含量/%						
	基石含量/%						
实际到水边距离/m							
水平到水边距离/m							
垂直到水边距离/m							
角度/(°)							
地层 1（顶部）	植被						
	优势种						
	高度和覆盖						
地层 2	植被						
	优势种						
	高度和覆盖						
地层 3	植被						
	优势种						
	高度和覆盖						
地层 4（底部）	植被						
	优势种						
	高度和覆盖						

表 10 - 4　　　　　　　　　　植被区物种的完整数据收集表格示例

站点编号：覆盖率：

编号	物种	高度/m	物候学	区域1 水	区域2 短日照植物	区域3 灌木	区域4 长日照植物	区域5	区域6	备注
1										
2										
3										
4										
5										
6										
7										
8										

备注：

表 10 - 5　　　　　　　　　　物候数据收集表示例

地点：日期：
植物物种：水深：

编号	植物高/m	离水距离/m	拔节率/%	叶片发育状态/% 无	放大	成熟	落叶	开花状态/% 无	花苞	开花	凋谢	种子（果实）状态/% 无	未成熟	成熟	植物死亡	标注：传粉者，种子传播者，放牧者，看到的幼苗
1																
2																
3																
4																
5																
6																
7																
8																
9																
10																
11																
12																

10.2.3　数据分析

分析土壤样品的结构、含量［例如 pH 值、抗性、盐量（$NaCl$、$CaCO_3$、$CaSO_4$）］和存在的有机物质的百分比。

使用来自每个区域的总环境数据集（包括土壤特征、形状、坡度、高于水位的高度），寻求植被中重复特征与特定栖息地特征之间的关系。这种类型的分析使人们可以深入了解导致植被变化的因素。

由此，人们可以形成关于水文情势变化可能如何引起植被变化的预测能力。这种方法仅适用于检查了多个站点的情况。除非已经存在具有类似信息的数据库并且从站点获得的信息可以与该数据集相关，否则不能使用来自单个站点的信息直接进行比较。

用于比较不同区域中的样品技术可以被分类，例如使用 Braun‑Blanquet 方法（Kent 和 Coker，1992；Werger，1974）或该技术的近似统计，即 TWINSPAN（Kent 和 Coker，1992）；或者通过使用主成分分析或对应分析，或 CANOCO（Kent 和 Coker，1992）或 PRIMER（Clarke 和 Warwick，1994）分析包中提供的类似方法。数据矩阵由每个样带的环境和植被特征构成，每个区域的每个站点都有样本，并建立了植被分布与环境条件之间的关系，比较了沿河所有 BBM 站点的数据，以确定每个区域的不同特征以及它们之间相似和不同的因素。

准备每个样带的比例图，以说明每个区域的植被特征与已知流量（以及水位）的关系。这些在 BBM 研讨会中用于预测流量的修正，前提是每个区域具有某些特征，这些特征与淹没它的流量的大小、时间、持续时间和频率有关，并且这些特征将随着流量的变化而变化。

10.3　最小和理想数据集

BBM 站点的最小数据集包括在旱季单次勘测期间收集的数据。这些数据包含了沿着一个完整样带的不同植被区域中优势植被和其他植被的物种组成和覆盖。但是，单个横截面不能提供现场的可变性，也不能为监测目的提供未知可靠性的数据。在横断面上，区域边界的确切位置与固定的已知点相关，并且建立了淹没这些点的流量大小，需要展示出湿季和干季典型流量的淹没水平。

一个站点的理想数据集包括有关植被的所有组成部分的信息，即藻类、沉水植物、地衣、苔藓和高等植物；相邻旱地植被的组成和分类最好也包括在数据集中，以便将河岸植被置于当地环境中，并识别非河岸植被侵入河岸带情况。从至少三个完整的横断面收集信息，这些横切面用于描述存在的主要栖息地。

1. 理想植被

理想的植被数据应包括以下内容：

（1）每个样本点的植被组成（物种清单以及每个区域/地层中每个物种的覆盖度和丰富度的数据）。

（2）植被结构（存在的植被带/地层、每个区域的高度测量值、每个区域的优势种类）。

（3）一般植被的水平数字摄影记录，需要显示出重要特征。

（4）沿每个样带的每个区域植被的详细图像记录，以便评估各个物种的覆盖和位置变化。

（5）每两月采集一次藻类植物区系样本，以反映物种的多样性和丰富度。

（6）每周收集关于所选物种的物候表现（枝条延长、叶片阶段、开花、结果、休眠和死亡）信息，直到建立了不同气候带河流的重要模式。此信息将影响流量释放时间。

2. 理想基质

关于基质的理想数据应包括以下内容：

（1）在每个样本点对较大基质类型的覆盖百分比进行分类。

（2）确定每个区域的土壤样本：①鹅卵石、砂砾、沙子（粗、中、细）、壤土和黏土的比例；②pH 值；③钠、钙、氯、硫酸盐和亚硫酸盐浓度；④有机物的百分比。

（3）环境特征，包括每个区域的坡度和宽度、坡向、横断面高度和相邻的山谷特征。

（4）每个区域平均旱季低流量水平的上下边界。

在河岸地带内和附近的任何与人类有关的活动都要做记录，并尽可能量化任何影响河岸植被的生物群的存在。绘制每个样带的剖面图，以说明栖息地特征、洪水水平和植被带之间的关系。

10.4　研讨会拟议文件

研讨会拟议文件的作用是总结可用的河岸植被数据，以便向 BBM 研讨会的其他参与者介绍植被和河岸带的特征，并提供简单的数据摘要集。在制定关于生态系统植被组成部分的流量要求建议时，将在研讨会中提及这些摘要数据。

报告应涵盖以下内容：所选 BBM 站点的优点和缺点；BBM 站点的植被和站点的物理特征（包括受不同水文情势影响的植被剖面、植被和受不同水文情势影响的植被特征）；对所选物种及其已知流量要求的文献综述；对植被和环境条件的评估可能因不同流量制度而改变或改善的情况；植被与生态流量之间响应关系的结论。

利用测量人员和地貌学家或沉积学家的信息，整合相应样带的横断面栖息地数据和植被数据，以产生植被剖面。根据横截面尺度，在横截面上确定植物的尺寸。各种标签被添加到剖面中，例如物种名称、植被区域类型、河道尺寸或任何其他有助于呈现站点植被特征的细节。植被剖面提供了对站点植被特征的一次性观察，并且已被证明是以前 BBM 研讨会非常有用的参考。

植被表列出了这些站点的重要物种，以及在研讨会中使用的相关信息。其中一些信息直接从植被剖面图和现场数据表中获得。

数据的进一步表述可以采用整合的 Braun – Blanquet 植物生物学表格和排序图（Boucher 和 Tlale，1999）。彩色照片和草图用于说明。适当的图形软件包（如 Microsoft Powerpoint 或 Corel Presentations）可用于生成所需的植被剖面图。

如果在研究期间未收集相关数据，则应对现场存在具有突出的特征或指示物种的自身和物候信息进行适当的文献调查与综述。这些信息对于开发流量变化对河岸群落影响的预测非常重要。所需信息的类型包括：

（1）优势物种的生活史特征，如开花时间、结果和播种。

（2）该物种种属。

（3）繁殖方法，即通过播种、嫁接或两者结合。

（4）种子传播方法。

（5）典型的空间分布特征。

（6）用水模式。

（7）对水文情势和洪水事件的反映情况。

10.5　研讨会的任务和责任

BBM 研讨会的第一部分是完整的专家团队的现场考察。这有助于全面了解许多学科的研究结果，并使研讨会参与者关注手头的任务。现场指出并讨论了水文状况、局部水力学、河道形态和物理栖息地分布以及植被区之间的联系。由于河流和河岸植物也是动物栖息地的重要决定因素，因此也讨论了这些环节。

在研讨会期间，植被专家根据相关信息来源评估河岸植被的需水量：

（1）在实地考察期间收集的与水文情势相关的经验证据（植被剖面、植被表和站点注释）。

（2）关于特定植物物种的可用文献。

（3）通常应用有关河岸植被的信息。

（4）专家的专业知识和经验。

10.6　研讨会后的任务和责任

BBM 研讨会之后最紧迫的任务是收集填补关键空白知识所需的任何数据。专家应区分长期数据需求和短期内可收集的信息。下一个关键阶段为修订植被拟议文件报告以供引用。在本报告中，应强调研究中积极有益的方面，并指出知识的空缺。

10.7　结论

有关植被成分的详细信息是生态流量需求测定中的关键要素。河岸植物可提供对河流状况和特征的短期、中期和长期信息，也提供了河流如何随着水文情势的变化而改变的情况。目前需要建立长期监测点，以评估植被变化以及这种变化与流量变化之间的关系。

第11章 研究区域内河流水质研究

影响河流生态系统结构和功能的两个主要属性是水量和水质。水量问题（流量、速度、深度和其他水力参数）是生态流量评估的主要焦点。然而，水生生物也会对水质也作出反应，并表现出对不同化学成分特定的耐受范围。因此，河流生态系统的有效运作不仅需要提供合适的水文情势，还需要提供质量合适的水。

《南非水质指南》（DWAF，1996）将水质描述为水的物理、化学、生物和美学特性，这些特性决定其适用于各种用途以及保护水生生态系统的健康和完整。水质变量分类有：①系统变量；②无毒成分；③营养成分；④有毒成分。

Dallas 和 Day（1993）综合考虑了这些变量对河流生态系统功能的影响。水质损害或污染是全球水资源管理的一个主要问题。干旱地区的水质问题和污染加剧，在该区域没有办法通过稀释的方法来减轻污水流量的影响，而且在低流量条件下，污染物成分的浓度会比较高。

11.1 结构单元法中水质的考虑因素

尽管有足够的流量来维持生态结构和功能，但水质差可能会降低生态系统的完整性。不应通过增加流量分配来实现改进，而是通过指出如何解决水质管理问题来实现，这就应该考虑到两个关键问题：①流量（即水量、速度和湍流）对水质有何影响？②水质对河流生物群有何影响？

第一个问题需要调查河流流量与水质之间的关系。一旦确定了有问题的水质变量，就可以考虑点源控制。如果水质问题难以解决，可能会考虑稀释流量。就生态管理等级而言，这些生态结果需要进行评估。

第二个问题涉及生物群对水质变化的耐受性。目前，水质方面没有很好地纳入到BBM 中。这是因为需要水质建模技术来预测随着流量变化而变化的化学成分浓度和物理变量值。生物群的反应可受到协同或拮抗作用，会给水质变量的浓度或大小造成影响。因此，评估生物群水质变化的影响并不简单。目前在 BBM 中，对未来可能的水质以及对水生生物影响的大多数预测纯粹是定性的。然而，毒理学研究可以帮助量化这些影响（Palmer 和 Scherman，2000）。

11.2　水质变量

　　BBM 研讨会所需的数据是：①与当前流量状况相关的物理和化学水质条件；②这些条件如何随季节和年度变化；③在适当情况下，系统处于不受影响状态的类似数据。

　　下面列出了研究水质对流量影响时应该调查的水质变量（可根据实际研究选择不同的水质指标）：①系统变量：pH、水温、溶解氧（DO）；②无毒成分：电导率（EC）或总溶解固体（TDS）、TSS、碱性阳离子（钠、钾、钙、镁）、其他成分如硫酸盐、二氧化硅和总碱度（TAL）等；③营养素：总磷（TP）、可溶性活性磷酸盐（SRP）、总氮（TN）、硝酸盐、氨（电离的比例）、亚硝酸盐、总有机碳（TOC）；④有毒成分：金属污染物、农药、系统中可能发生的任何其他毒素。

11.3　收集数据

　　水质和相关的生物数据可从以下来源获得：①水务部门和林业部门监测数据；②可以从河流水质数据库得到数据，这包括除堰高度测量外的许多变量数据，从堰高可以确定水质和流量之间的联系。

　　然而，数据库中的数据是有限的，并且可能缺乏 DO、温度、TSS 和有毒物质的测量。此外，用于化学分析的水样通常仅在河流流动时才进行采样。因此，通常不记录无流量时期的数据。

　　生物监测数据，例如使用 SASS4 获得的河流大型无脊椎动物的数据（Chutter，1994；Chutter，1998），提供了水质的有用指示，从而提供了环境完整性。因此，SASS4 评估构成了 BBM 水质的一部分。重要的是，水质和水生无脊椎动物专家需在生态流量评估期间进行联系，以联合制定采样方案。

　　生物监测和水质采样提供了不同类型的资料。水质数据提供了采集水样时河流状况的瞬时记录。通过水生群落的物种组成，生物监测数据反映了在之前某个时间间隔内对水质的生态相关综合反应。

11.4　研讨会的准备工作

11.4.1　确定代表性河流区域

　　水质在各种空间尺度上会发生自然变化。最值得注意的是生态区域之间的差异，以及由于高度、坡度和距水源距离的差异而导致的变化。应根据自然值的范围来判断改变的水质，因此确定可能具有相似化学成分浓度和物理属性的河段是非常重要的。将大型河流系统划分为生态区是 BBM 过程的基础（小型系统可能位于一个生态区域内），并且需要与参与相关研究的其他专家保持联系，以便就河流的边界达成共识。相关研究包括：①确定广阔的气候区域和河流所处的生态区域；②注意研究区内地貌学家确定的地貌河段；③确定可能对水质产生影响的重要水文特征，例如堰、支流和蓄深潭；④使用上述信息划定可能会出现类似水质的河段或河流。确保选择 BBM 站点时应适当考虑这些水质。

11.4.2 建立参考条件或自然条件

在不知道是否受影响的条件下，应根据某些估计的历史条件确定河流的当前水质状况。如有需要，可以设定改善水质的目标。可以通过分析数据集时间序列的趋势，为每个变量找到参考条件。从最早和受影响最小的时期开始，这些时间序列的子集能够推导出可参考条件的每月中值。这些结果可以表示为每月的箱线图。但是，如果考虑到河流的记录不会回到受影响前的时间节点，则需要从附近采样站的数据推断出参考条件。这些站点应位于具有相似水化学性质的相邻流域，但其退化程度要小。如果已经为该区域指定了参考站点，也可以使用参考站点。

表 11-1 总结了确定水质变量类别参考条件的过程。可以包括三类变量：①系统变量和无毒成分：pH、DO、TDS、TSS 和水温；②营养素：氨、SRP 和 N、P 比例；③有毒成分：有机物、无机物和微量金属。

表 11-1　　　　　　　　　确定三类水质变量参考条件的过程摘要

类　　别	水质指标	方　　法
系统变量和无毒成分	pH、DO、TDS、TSS 和水温	遵循由 DWAF（1999a）修改的南非水质指南（DWAF，1996a）的 15% 规则，或根据对水生生物的风险进行定义（Chutter，1998）
营养物质	氨、SRP 和 N、P 比例	指定月平均值 根据未修改的河流状况定义（DWAF，1999a）
有毒成分	有机物、无机物、微量金属	使用南非水质指南（DWAF，1996a）定义与未修改河流状况的关系

11.4.3 确定当前的水质状况

总之，确定当前水质的主要活动是：①使用水化学数据制备箱线图，并得出每个范围内当前水质的月中值；②确定污染源当前和未来发展可能对水质造成的威胁；③列出潜在的严重污染源；④确定流域的主要土地利用区域，从而确定潜在的扩散污染源。

11.4.4 评估数据

对于每个主要水质变量，应评估数据集的完整性。如果数据充足，可以确定整个时间序列的季节性趋势。可以将现状与参考条件所示的预期天然水质进行比较。这将表明系统中的水质是在改善还是在恶化。

接下来，导出每个变量和流量之间的关系。这可以通过检查每个变量的值在年度水文循环期间如何变化来完成。例如，由于浓度效应，TDS 的浓度通常在低流量期间增加，而 TSS 的浓度经常在高流量事件期间增加。

河流健康的总体水平、流出物的入口点和退化河谷的位置都可以使用 SASS4 中的无脊椎动物分布模式来识别。在一个范围内得分较低，如果显示出水质未受影响，可能表示零污染物释放。但有必要使用生物毒性测试来进一步研究这种现象。

11.4.5 BBM 中水质研究报告

关于水质的报告已纳入 BBM 研讨会的拟议文件中。其他专家，特别是生物学家，需要用它来帮助解释河流中的生物分布模式。

拟议文件中包含的内容有：研究地点的简要描述，包括气候、地质、地貌和水文。需要具有完整信息的河流地图，例如生态区域、水质河道、地貌区、BBM 站点、重要的水文特征、水质监测站点、土地使用情况、污染物源标识等；评估所有可用数据的可靠性和完整性，指出详细分析的数据集。数据应在箱线图中以图形方式（例如时间序列分析）或表格进行汇总；对收集的任何其他监控数据的描述。在每个 BBM 站点，描述每个变量相对于参考条件和当前条件的趋势变化；适用于每个生态管理等级的水质条件汇总表，以及可能存在的问题区域。

11.5　最小数据集

最小数据集应包括至少在整年周期内的一个季度（即三个月）的水化学和生物监测数据。应测量以下化学成分：pH、电导率（或 TDS）、SRP、TN、硝酸盐、氨和预期在系统中发生的有毒成分。如果没有及时生成化学或生物监测数据，则可以使用替代数据。可以从有化学数据的相邻且可比较的河段进行推断。如有必要，可在 BBM 研讨会之前进行整个年度周期的数据收集工作。至少需要一些季节性变化的数据。如果可能，应对高流量事件（例如暴雨径流）进行采样，以指示 TSS 和其他成分的最大负荷。应根据 DWAF（DWAF，1992）中概述的方法分析水质变量。特别是在干旱地区，还应尽一切努力估算水质的年变化。

在收集水样进行化学分析时，应采用 SASS4 方法进行抽样，因为这样可以增加对无脊椎动物群落与水质之间联系的了解，并提供有关河流健康的信息（当前生态状态）。进行取样的人员应该能够识别与水生大型无脊椎动物（例如浅滩、池塘和边缘植被）相关的栖息地类型（群落生境），并能够识别河流中的大型无脊椎动物。如果鉴别技能不足，可以收集无脊椎动物样本，随后由实验室中经过培训的人员完成鉴定。

11.6　研讨会的任务和职责

研讨会应利用水质模型定量地预测流量变化对化学成分浓度和物理变量的影响。在 BBM 研讨会上，将展示由水力工程师准备的每个 BBM 站点的横截面。此外，将计算和讨论指定的流量减少对每个站点的水力特性影响。这些水力特性包括河流流速、水深和湿润周长。通过检查横截面和考虑水力特性，可以将流量变化对水质的影响进行有限的预测。如果预计此范围内的营养水平较高，水质专家可能会预测夏季富营养化和藻类繁殖风险的增加。再举一个例子，如果流量减少，使得水不再流过浅滩区域并且形成浅水潭，则它们在夏季，温度可能有所升高。如果由于有机污染，池中的生物需氧量（BOD）很高，则 DO 浓度降低，甚至可能导致鱼类死亡的风险增加。

水质专家还应咨询地貌学家，通过操纵水文情势来预测沉积物和床层材料的运动变化。特别是在营养水平升高的系统中，重要的是水流间隔足够高以冲洗水流停滞区域，从系统中冲刷细小沉积物以及吸附污染物。

考虑到这些预测，水质专家和生态学家应该就所需保持生态管理等级的流量提供建议，并避免流量条件降低河流状况，超出生态管理等级指出的可接受范围。专家还应强调水质方面的潜在问题，以便管理人员可以考虑其他管理方案。

11.7　研讨会后的任务和责任

在会议之后进行方案构建过程，其中考虑了研讨会生态流量需求以外的流量制度。考虑了这些潜在的水文情势对水质方面的影响，以及可行的管理方案。这些选项可能包括水源指导控制、流域管理解决方案或大坝运行操作规则。每个方案都根据其在河流或河流范围内满足生态管理等级的能力进行评估。

11.8　结论

对河流生态系统的水质要求进行评估需要相当程度的主观性。例如，当将河流划分为若干个水质等级时，情况尤其如此。因此，有必要雇用在该领域具有丰富专业知识的专家，需要具备生物监测和淡水系统中发生化学过程的相关知识。为了使水生生态系统充分发挥作用，除了适当的流量外，还必须提供水质达标的水。目前对水质流量相关变化的预测停留在定性的层次上，下一步还需要定量化。此外，还需要进一步采取措施，以便预测水生生物群对水质变化的反应。

第12章　优化现有数据和专家意见

在本章中，提出了一种在生态流量评估中可以提高流量—生态响应模型质量的方法。该方法不是完全专注于专家意见或经验数据，而是利用贝叶斯方法。此外，与通常情况相比，它更明确地使用了已发表文献中的知识体系，是一种可以充分利用所有可用信息来为生态流量评估提供信息的方法。此外，它还提供了对生态响应预测不确定性的实际估计，允许比当前使用的双变量流量—响应关系更复杂的模型结构，并且与适应性管理和学习完全兼容，随着监测数据的积累，允许经验数据发挥作用，从而使其在预测中的作用越来越大。

12.1　概述

该方法的提出很大程度上基于 Webb 等（2015）的方法，该方法的核心是利用文献来开发基于证据的生态响应概念模型，以改变水文情势。最初使用专家知识通过正式的专家引用过程对模型中的关联进行量化，该量化为监测数据的分层贝叶斯分析提供先验概率值。最终的结果是对生态流量计划成功与否的评估，以及在不同水文情势下对生态响应进行详细预测。因此，该方法主要用于生态流量的事后评估，作为粗略监测和评估框架的一部分。

在此对该方法进行适当的优化，以使其在生态流量评估过程对生态响应的先验预测更有用。具体而言，就是放宽了对基于分层贝叶斯模型的广泛经验数据分析的要求。Webb 等（2015）方法的分层建模阶段预先假定存在大量数据以帮助拟合模型。

建议的生态流量—生态响应建模方法的工作流程如图 12-1 所示，方框是行动，数字对应于下面描述的步骤编号。圆/椭圆是一个行动的输出，其中一些输出是下一阶段的必要输入。BBN 代表贝叶斯网络；HBM 代表分层贝叶斯模型。其中：①系统评估文献以开发流量响应模型的结构；②概念模型转换为贝叶斯网络结构；③使用正式的专家引用来量化贝叶斯网络中的关系，以减少偏见和过度自信的影响；④使用经验数据更新关系，如果有大量数据，则应使用分层贝叶斯方法完成，如果数据稀少，则可以在贝叶斯网络内完成更新。

以下部分提供了关于每个阶段使用方法的详细背景信息，包括其使用的理论依据。然后通过一个案例研究对该方法进行说明，该案例研究考察了澳大利亚东南部一种标志性的本地鱼类——金鲈（*Macquaria ambigua*）。

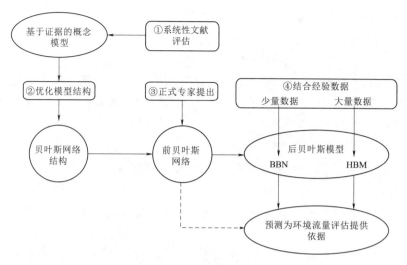

图 12 - 1　建议的生态流量—生态响应建模方法的工作流程（Webb，2017）

12.2　基本原则

12.2.1　文献作为基于证据的概念模型的基础

量化的生态响应模型必须基于概念模型，通常很少在科学文献中捕获知识的情况下创建概念模型。生态学和环境科学中的大多数文献综述是非结构化的、难以重复的叙事性综述，并且通常不试图测试任何类型的假设（Roberts 等，2006）。系统评价在几个领域中很常见，最著名的是健康科学，系统综述对假设进行正式评估，使用文献中的证据作为数据，并使用紧密论证的方法检验假设（Khan 等，2003）。完整的系统评价是耗时且昂贵的工作，但被认为是综合证据的黄金标准方法（Cee，2013）。快速证据综合（rapid evidence synthesis）（Webb，2017）是一种新兴的证据综合方法，该方法试图使用系统方法从文献中收集证据，但速度更快、费用更低。来自文献中的综合证据，可用于作为提出的概念模型测试中支持或反对假设因果关系的证据。

越来越多的方法被用于不同的领域，以汇编、总结和综合来自文献的证据（Cook 等，2017）。不同的方法对证据评估阶段的严格程度不同，因此对结论的可信度也不同。在表12-1中，结论的置信水平从左到右逐渐增加。这些不同的严格程度也意味着完成证据综合所需的时间、资金和专业知识不同——这些因素可能是时间和有限应用的预算中最重要的因素，例如生态流量评估。

表 12 - 1　　　　　　　　　不同类型的证据评估方法统计表

证据综合的类型	叙述的回顾	快速证据综合	系统的回顾
目的	对某一主题的文献进行定性的回顾	提供快速评估证据来验证假设	为假设提供一个透明的、可重复的证据评估

注　改编自 Cook 等（2017）。

12.2.2　将概念模型转换为贝叶斯网络的结构

概念模型需要转换为贝叶斯网络，贝叶斯网络是通过节点（状态变量）和弧（变量之间的因果关系）来描述因果关系的图形模型，可以使用经验和专家数据。贝叶斯网络被广泛用于自然资源科学（McCann 等，2006），也有几个例子用于预测流量变化的生态响应（Shenton 等，2011 和 2014；Chan 等，2012）。该方法框架的步骤①中开发的概念模型可以是立即转换为贝叶斯网络的结构，也可能需要在某种程度上简化概念模型以创建可以量化因果关系的贝叶斯网络。

12.2.3　使用正式的专家引用量化贝叶斯网络中的因果关系

如果这些数据不能真正反映专家的知识，那么贝叶斯网络使用专家衍生数据也将是是一个潜在的弱点。非结构化的专家引用方法被广泛使用，包括量化贝叶斯网络中的因果关系（例如 Shenton 等，2011 和 2014；Chan 等，2012），但这些方法已被证明受到偏见、专家过度自信和集体思维的负面影响（Kuhnert 等，2010；Speirs-Bridge 等，2010；De Little 等，2018）。目前已经开发了几种可被专家正式引用的方法来减少这些影响，在大多数情况下，这些都能帮助专家更好地确定自己的不确定性（Speirs-Bridge 等，2010），并确保不同专家能够提供独立意见，不受团队级别的审议影响（McBride 等，2012；Wintle 等，2013）。这些方法可用于填充量化贝叶斯网络节点之间因果关系的条件概率表，从而提供数值生态响应模型。

12.2.4　使用经验数据更新因果关系

矛盾的是，贝叶斯网络不一定是贝叶斯式的，事实上很多都不是贝叶斯式的。贝叶斯建模提供了用于在新数据面前更新置信度（例如，在参数值中）的数学框架（Webb 等，2010）。大多数已发布的贝叶斯网络更适合被视为先验模型，因为量化关系通常源自专家一次填充的条件概率表。在确实没有经验数据来更新专家意见而进行评估的情况下，可以使用先前的模型进行预测，以更正生态流量评估（图 12-1 中的虚线路径）。但是，这是最不受欢迎的选项。相反，如果可获得扩展数据，则可以在分层贝叶斯分析中将这些数据与先前模型组合以产生后验模型。这些是基于条例的模型，其目的是适应数据集和可用的知识。

贝叶斯方法在自然资源管理应用中的使用有所增加（McCarthy，2007）。本节提出了两种贝叶斯方法，并提供了一些关于它们的相似点和不同点的更多细节，以帮助读者理解这些想法。

如上所述，贝叶斯网络是从描绘模型状态变量的节点中构建的图形模型，以及通过条件概率关系链接这些节点的弧。贝叶斯网络的优势之一是它们易于创建和更新，并且可以包含混合类型的数据（例如经验、专家推荐值、模型输出）。基于阈值或定性描述（例如低、中、高）将连续分布的变量（例如鱼类的丰富度）离散化为多个节点状态。这种离散化有利于用专家知识填充条件概率关系（De Little 等，2018），但更重要的是，允许基于简单的单击操作状态的主节点（驱动变量）快速更新子节点的概率分布（结果）。它们使用和构造简单，加之快速更新模型预测的能力，使贝叶斯置信网络成为参与式模型构建和向利益相关者传达其他复杂预测的理想方法。如上所述，贝叶斯网络不必是贝叶斯式的，可以使用先验模型而无需用经验数据更新。Pearl（2000）全面介绍了贝叶斯网络的理论和使用。

分层贝叶斯模型允许通过灵活的公式表示复杂的生态过程，同时考虑连续变量和分类变量，并允许模型变量之间存在不同类型的关系（例如曲线的形状）。这种灵活性造就了分层贝叶斯模型在生态学中的应用呈爆炸式增长，因为它们能够拟合杂乱的数据并通常用于表征生态研究的实验设计（Clark，2005）。分层模型利用了不同采样单元（例如站点）的相似性，为每个单元得出比单独处理更有用的结论。再加上他们将先前知识纳入加强预测的能力（McCarthy 和 Masters，2005），分层贝叶斯模型几乎总是优于"标准"统计方法。权衡的结果是模型必须直接编码到软件中，这需要相当多的专业知识。一旦编码，模型使用 MARkov chain Monte Carlo 模拟（Andrieu 等，2003）来估计模型参数的后验分布，并且还可以在不同情景下对结果进行预测。但是，与贝叶斯网络不同，这些方案需要包含在条例中，并且无法快速更新。有关贝叶斯推理方法的综合处理，包括层次模型，请参阅 Gelman 和 Hill（2007 年）。

但是，通常只有一小部分数据可用于支持生态流量评估。在这种情况下，可以在贝叶斯网络本身内更有效地完成先前模型的更新。贝叶斯网络软件能够通过诸如期望最大化（EM）算法（Dempster 等，1977）等方法使用经验数据更新先前的关系。在这种情况下，由专家派生的先验条件概率表被更新为具有数据的后验模型。专家知识对模型输出的影响不会丢失，但会通过结合经验数据而减少。可获得的数据越多，专家意见对模型输出的影响就越小。

12.3　案例研究：位于澳大利亚东南部受监管的古尔本河的金鲈（*Macquaria ambigua*）

金鲈是澳大利亚东南部内陆水域的标志性物种。它的自然范围很好地延伸到了该国北部，但在河流管理下其范围已经收缩（Zampatti 和 Leigh，2013）。成鱼通常长达 40cm，可以存活超过 20 年。金鲈是澳大利亚东南部生态流量管理的常见目标，因为它们具有标志性的地位，但也因为成年鲈鱼只有在南方春季晚期（11~12 月）出现高流量事件时才会产卵。在此案例中用来自维多利亚州古尔本河的金鲈的案例研究来说明上述方法，其中物种是生态流量计划的一个重点（GBCMA，2016）。但是，这些结果尚未用于该物种的任何生态流量评估，案例引自 Smith（2013）并在其中有更详细地报道。

12.3.1　金鲈对流量变化的响应——基于证据的概念模型

研究人员使用生态证据法进行快速证据综合（Norris 等，2012；Webb 等，2015），以开发基于证据的概念模型。生态证据使用系统方法从文献中搜索和综合证据，测试概念模型中支持和反对假设联系的证据基础。综合分析依赖于一种修改形式的"投票计数"——计算支持假设的论文数量与反对假设的论文数量。生态证据有两个改进。首先，根据实验设计的强度和随后的易混淆性，从研究中找到每个"项目证据"并赋予 1~10 的权重。其次，对证据权重进行求和，并根据阈值分数（20 分）进行评估，得出以下四个结论之一：对假设的支持、对替代假设的支持、证据不一致以及证据不足。系统搜索五个文献数据库并对退回的参考文献进行评估，得出了八个子假设中的 46 个证据项，这些假设包含在金鲈对流量变化响应的初步概念模型中（Smith，2013）。这些假设是图 12-2 中所示的实线，虚线是仍然未经测试或假设的连接。其中四个假设的结果是"支持假设"，另外四个结果是"证据不足"，见表 12-2。箭头是可测试的假设，实心箭头是在研究中优先用于测试和量化的假设。由于证据评估没有驳斥任何一个假设，因此它们作为贝叶斯网络模型中的潜在途径被转移到分析的下一阶段。

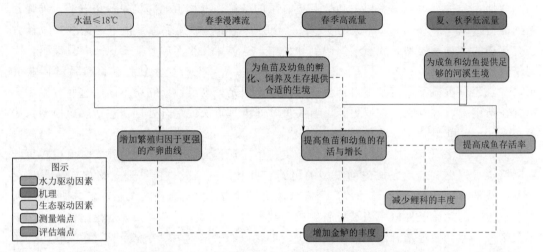

图 12-2　基于证据的概念模型的过程驱动澳大利亚低地河流的金鲈种群
（Smith，2013）

表 12-2　　　来自初步概念模型中八个假设的生态证据的快速证据评估结果

因 果 假 说 检 验	证据数量	证据表明		结 论
		支 持	反 对	
春季高流量的增加会导致繁殖的增加	8	26	5	支持假说
春季漫滩流量的增加将导致繁殖的增加	6	7	13	证据不足
水温≥18℃会导致繁殖增加	7	9	11	证据不足
春季高流量的增加将导致种群增长的增加	5	22	7	支持假说
春季漫滩流量的增加将导致种群增长的增加	4	8	5	证据不足
水温≥18℃会导致幼鱼存活率增加	4	13	0	证据不足
盐度降低会增加鱼类的存活率	6	24	0	支持假说
溶解氧的增加会增加鱼类的存活率	6	20	4	支持假说

12.3.2　金鲈模型的贝叶斯网络结构

概念模型使用 Netica® 软件转换为贝叶斯网络的结构。与概念模型相比，贝叶斯网络模型结构有几处变化。首先，流量和非流量驱动因素的影响直接与成鱼和幼鱼丰富度相关，而不是通过指定栖息地提供的节点。生境规定仍然隐含在模型中，但在贝叶斯网络中明确包含它会使专家引用过程变得复杂。其次，虽然研究人员没有将测试水质的影响作为证据综合步骤的一部分，但是水的盐度和溶解氧水平的影响作为新节点被包括。这种包含与研究人员上面关于确保概念模型基于证据的陈述背道而驰。然而，关于构建贝叶斯网络的专家认为这些是重要的内容，并且保持它们向专家引用步骤的发展是很重要的。最后，研究人员没有直接测试支持或反对鲤鱼存在的证据对金鲈的影响，即使它被包含在概念模型中（该决定基于可用资源）。然而，在独立专家的催促下，研究人员将其纳入贝叶斯网络模型中，以获得专家引用。

12.3.3　量化基于专家的流量和非流量驱动因素对金鲈的影响

使用正式的专家引用来填充贝叶斯网络模型中的条件概率表。该框架（De Little 等，2018）基于 Speirs–Bridge 等（2010）的四点引用方法，更广泛地说，是用于调查、讨论、估计、汇总的框架（Hanea 等，2017）。专家被要求提供一组推动特定参数条件的最低估计值、最高估计值、最佳估计值，以及他们对真实值介于最低估计值和最高估计值之间的可信度。这种形式的提问已被证明可以减少专家过度自信的问题。在第一轮估算之后，估算数值转化为概率分布，并展示给小组进行讨论和可能的修订。此步骤有助于减少团队水平总体估计中的偏离，但不会过度夸大估计的置信度。提出太多问题会导致"专家疲劳"（Burgman 等，2011）。研究人员使用插值方法来减少需要提出的问题的数量（Cain，2001）。

在本研究中，五位专家参加了专家研讨会。表 12-3 中显示了一年中幼年金鲈丰富度的条件概率表的一部分，以说明结果。还有一个相当于成鱼丰富度的表格。对于年复一年丰富的金鲈，可以表明，春季漫滩流量是最重要的变量，但水温超过 18℃ 也是非常重要的。对于成鱼丰富度，水质变量是最重要的，夏秋季低流量几乎没有作用。从驱动变量状态的最佳组合到最差组合，可以看到大量金鲈年复一年的概率从 98% 下降到 23%。成鱼丰富度不太敏感，从最佳状态到最差状况的变化导致大量成鱼的概率从 17% 降低到 7%。

表 12-3　　　　由专家引发填充的幼金鲈鱼的丰富度条件概率表的前八行

引出/插值	驱动变量				幼鱼丰富度/%		
	春季流量	水温/℃	鲤鱼存在量	盐度	无（0）	低（1～15）	高（16～25）
E	高	≥18	可忽略	低	0.9	31.4	67.7
E	高	≥18	可忽略	高	20.9	40.3	38.8
E	高	≥18	大量	低	7.8	40.6	51.6
I	高	≥18	大量	高	21.1	45.8	33.1
E	高	<18	可忽略	低	20.3	46.4	33.3
I	高	<18	可忽略	高	24	49.3	26.7
I	高	<18	大量	低	21	49.4	29.6
I	高	<18℃	大量	高	23.5	51.1	25.4

总体而言，24 个方案中的 7 个是从专家（E）中引出的，其他概率能够被插值（I）。对于每个场景，三个丰富度等级（无、低、高）的概率总和为 100%。

12.3.4　包含监测数据以更新金鲈鱼的贝叶斯网络

这里报告的案例研究是很少有经验数据可用于更新先前模型的案例研究，因此研究人员在贝叶斯网络中使用了概率更新。研究人员使用来自维多利亚州生态流量监测和评估计划（Webb 等，2010 和 2014）的鱼类监测数据，以及州政府监测网络的流量和水质数据，更新了条件概率表。两组数据的位置和时间之间的不匹配意味着相当大比例的鱼类数据"缺少"水质数据。此外，维多利亚河流中幼小金鲈鱼的稀疏性意味着丰富度数据以 0 为主。一旦丰富度转换为模型输出结果所示的分类状态，数据就会使用 EM 算法更新先前网络的条件概率表，该算法内置于 Netica 软件中。

与预期相反，监测数据的结合并未改善网络的性能。事实上，年度丰富度的贝叶斯网络未能完全从专家推导的先前模型中更新，可能至少部分是由于年初的金鲈鱼出现率非常低。对于成鱼，在纳入监测数据后，金鲈丰富度对上述驱动条件的低敏感性加剧了（高丰富度的概率范围为 $0.6\%\sim7.7\%$）。然而，更重要的是，效果的方向是相反的；成鱼高丰富度的最高后验概率是预测出来的，研究人员认为是夏秋季流量不足和盐度高的恶劣条件导致的。

对数据的检查表明，贝叶斯网络中可能存在的大量情景在数据集中都没有经历过。高温和漫滩的春季流量罕见，因为春季水温度低于 18℃，盐度高。此外，在抽样数据中获得的鱼数量非常少，意味着当鱼存在时，根据贝叶斯网络中设定的阈值，它不可避免地处于"低"丰富度，即使环境条件被认为是有利的。在与不同工作系统（新南威尔士州南部）的鱼类生物学家协商后，丰富度阈值被设定为专家引用过程的一部分。对于那些生物学家来说，丰富度的期望值高于古尔本河数据中观察到的数量。先验模型的组合预测丰富度高于观测数据，伴随着驱动条件组合的数据集的不均匀覆盖与"有利"条件更为常见，这导致了意想不到的后验结果（Smith，2013）。

12.4　讨论

生态流量评估依赖于使用专家意见将模拟的水力或水文栖息地预测转化为生态响应的预测，这在很大程度上是因为可用于创建稳健生态响应模型的经验数据太少（Stewardson 和 Webb，2010）。然而，在生态流量评估中使用专家意见的非正式方式使得这些研究更容易出现偏见和过度自信的预测。此外，虽然文献中的知识被隐含地用于基于专家的评估（因为它构成了专家知识库的一部分），但很少有人明确考虑过。这里提出的方法试图同时从文献中的证据、专家知识和经验数据中获得最大化的价值。使用"最佳可用的科学知识"为有争议的决策空间中的环境管理决策提供信息（Ryder 等，2010），研究人员在上文概述的框架中为生态流量评估提供了一条潜在的前进途径。

12.4.1　提高对文献知识的使用

在本节描述的框架中，概念模型结构通过严格的文献分析得出。如果它们符合研究人员目前在文献中提出的理解，或者如果它们是假设的，但尚未经过测试，那么研究人员只在模型中包含联系。许多生态流量评估都是从文献综述开始的，但这种情况对后来的生态反应预测的影响程度通常不明确。研究人员认为这种方法无法利用科学文献中包含的相当多的知识，因此在某种程度上缺乏"基于证据的实践"（Stevens 和 Milne，1997）。

环境证据协作组织（The Collaboration for Environmental Evidence）已经采用医学模

型对环境科学和管理应用的文献进行系统的评价（CEE，2013）。在提出有关稀缺和有争议的水资源建议时，生态流量评估应该以这种严格程度为目标。

使用CEE（2013）方法的全面系统评价应被视为最佳实践，但研究人员承认进行全面系统评价所需的费用和专业知识是相当可观的。作为替代方案，与叙述性评论相比，快速证据综合的方法（Webb，2017）代表了证据评估严格性显著增加，并且可以在完整系统评价的一小部分时间和成本内完成。在上文展示的案例中使用的用于快速证据综合的生态证据方法已经成功地应用于水文情势改变对水生动物、植物和生态系统过程影响的许多问题（Greet等，2011；Webb等，2012和2013；Miller等，2013），因此在上文提出的框架内使用是一个很好的选择。

12.4.2　改善环境流量贝叶斯生态网络的基础

基于证据的概念模型被转换为贝叶斯网络模型，对于该模型，使用最佳可用信息进行参数化。虽然贝叶斯网络在包括生态流量研究在内的自然资源管理应用中已经变得非常普遍，但是在用于开发网络结构并填充指定关系条件概率表的过程中经常不够严谨。结果是一个看起来很好并且能够提供生态反应预测的定量模型，但预测本身是不可靠的。在许多方面，这比没有任何模型更糟糕。也可能得到高质量的模型，但有关模型结构、模型参数选择的依据没有详细的记录。在这种情况下，利益相关者无法评估模型的质量，这可能导致低可信度。这里概述的过程旨在解决这些缺点。研究人员认为贝叶斯网络方法是生态流量评估中预测建模的良好基础有几个原因。

也许最重要的是，建模的关系包括不确定性。如果研究人员对两个或多个变量之间的精确关系知之甚少，那么该模型将不会提出相反的观点。在上述的先验模型（基于专家的）中，当从春季低流量变化到漫滩流量时（环境驱动因素的重大变化），观察到大量金鲈幼鱼的概率仅变化20％。这反映了专家们的知识水平，即这个过程是非确定性的，而且还反映了环境驱动因素对其影响程度有多大的不确定性。随着时间的推移，研究人员希望使用监测数据来降低预测中的不确定性水平。然而，由于关系中不可减少的不确定性，这种关系的随机性将始终存在（Lowe等，2017）。

贝叶斯网络的节点链接结构允许细微的模型结构，其中驱动变量可以以有意义的方式交互，从而影响结果。即使在这里呈现的简单模型中，也会发生这种交互。例如，先前的模型预测，如果水温低于18℃，则春季流量条件从基础流量到漫滩流量的改变，只会将年丰富度高的概率提高8％。但是，当温度超过18℃时，相应的概率变化超过30％。简单的双变量流量关系，例如在许多ELOHA评估中使用的那些模型（Arthington等，2012），无法捕获这种相互作用。在将多个流量响应曲线组合起来以尝试创建更真实的生态响应模型的情况下（Bryan等，2013），这些相互作用被简化为平均值、几何平均值，或者在几条曲线上达到最小值，其中没有一条能很好地捕获相互作用。

关于数据和知识的组合，实际上贝叶斯网络以及所有的贝叶斯方法都允许通过贝叶斯规则的应用累积经验数据来逐步重写专家意见。这与数据集可用时突然替换专家意见不同；这样的替换将依赖于大量的可用数据来完全替换先前建模的关系。贝叶斯规则提供了一个中途解决方案，既保留了专家意见的影响，又用经验数据对其进行了修改。在这里的例子中，包含的经验数据提供了一个清醒的现实检查。数据仅在模型覆盖的一部分条件范围内收集，再加上观察到的鱼数总是很低，导致条件概率表出现了偏差。在这里，即使使用贝叶斯规则，在尝试更新模型之前，似乎有必要在更大范围的条件下收集数据。近年来古尔本河的数据收集工作仍在继续（Webb 等，2016 和 2017），现在可能有足够的关于金鲈栖息地丰富度的信息，以更明智地更新条件概率表。

这种更新与适应性管理周期的"内部循环"（小调整）一致（Horne 等，2018），对模型参数化的微小更新用于在下一周期的响应中进行更新预测。然而，随着时间的推移，数据的积累和随之而来的知识的改进，表明可能需要改变模型结构。这与通过适应性管理程序的"外循环"进行自适应学习更为一致（Webb 等，2017）。贝叶斯网络在新数据可用时合并的能力使其成为适应性管理计划的理想选择（Horne 等，2018）。

当使用少量监测数据更新先前模型时，相反的结果提供了警告性教训，即拥有一些数据并不总是比没有数据更好。在这里，以零为主导的数据集与研究人员希望建模的一部分条件的"经验"结合起来，实际上减损了一组基于专家的连贯预测。这进一步证明了充分征求良好的专家意见的价值。如果没有先前的模型，研究人员将无法在不同流量和非流量条件的组合下对金鲈栖息性能进行可靠的预测。

12.4.3　作为最佳实践的分层贝叶斯方法

虽然贝叶斯网络模型可以用于生成能够进行生态流量评估的预测，但是如果可获得大量数据，则评估者应该努力使用分层贝叶斯方法来进行预测。就像使用系统评价而不是快速证据综合来开发概念模型一样，分层贝叶斯方法可以被认为是最佳实践。

与贝叶斯网络相比，分层贝叶斯模型可能受建模关系中的不确定性影响较小，尤其是在基于专家的先验概率分布之上分析数据时。分层模型结构允许来自不同采样单元（例如河流）的数据汇集在一起，以提供多个尺度的预测（Webb 等，2015）。通过层次结构将模型参数的估计联系在一起，减少了预测不确定性（Gelman 等，2004）。更精确的预测将导致更好的生态流量建议。有关应用此框架中描述的分层贝叶斯建模步骤的详细示例，包括评估先验信息的合理性并如何提供更精确的预测，即"数据"分析方法，请参阅Webb 等（2018）。

12.4.4　充分利用现有文献知识

上面提供的框架描述隐含地假设生态流量评估是从头开始的，并且对于感兴趣的物种的间隔不存在类似的模型。通常情况并非如此，Webb 等（2017）概述了开发生态流量评估数值模型的过程，考虑了比这里描述的贝叶斯方法更广泛的可能性。作为其中的一部分，它们提供了评估和使用现有模型以提高效率的工作流程，见表 12-4。

类似的理念应该适用于本节中概述的不同步骤。例如，对于感兴趣的端点或功能相关的端点可能存在系统的文献评估。在这种情况下，对新文献的简短检查可能足以客观地评估知识状态。更可能的是，在评估类似位置时，可能存在感兴趣物种或密切相关物种的概念或数值模型。通常情况是生态流量评估是针对不同位置独立完成的，但相同的物种可能是优先的生态终点。在这种情况下，现有评估的模型可用于在系统文献评估中进行假设测试，检查贝叶斯网络结果的结构，或使用（或可能代替）专家引用过程生成先验概率分布的贝叶斯模型。

表 12 - 4	利用生态流量评估中的现有模型
现有模型的地位	新的流量评估所必需的工作
功能相关的目标不需要相关的模型，但相同的目标、相同的位置需要不同的位置模型	全面的模型开发需要评估模型结构，根据需要进行调整并重新参数化， 重新检测参数化模型 为流量研讨会运行模型

注 在已经存在模型的地方，应该使用这些模型来减少新建模型的工作量。

12.4.5 方法的可操作性

相关研究人员提出了两种途径来改进生态流量评估的生态响应预测，这两种途径都极大地改善了所有可用证据的使用。虽然研究人员建议在有足够数据时使用分层贝叶斯模型做出最终预测，但研究人员承认，这些方法需要具备相关专业知识才能实施。基于贝叶斯网络途径的最大优势是其可操作性。与分层贝叶斯方法相比，贝叶斯网络不需要高级专业知识。贝叶斯网络的基本创建和运营可以在 2～3 天的短期课程中学习，这些都是常见且经济实惠的。

同样，虽然完整的系统评价方法需要在特定方法（如定量系统分析）（Gurevitch 和 Hedges，2001）中进行大量培训，但使用诸如生态证据等方法的快速证据综合更容易获得结论。它可以由具有阅读科学论文经验的任何人承担，虽然专业领域知识是一个优势，但没有必要进行文献评估。最后，案例研究中采用的专家引用方法可以由任何精通电子表格的人员进行汇总，以促进全天的研讨会。

Webb 等（2017）回顾了越来越多的用于模拟生态响应的分析方法，作为生态流量评估的一部分。他们注意到了专业建模方法的出现，如分层贝叶斯模型、机器学习方法和功能线性模型。虽然所有这些方法都可以为生态流量评估增加相当严格的要求，但它们需要大量的专业知识才能实现"生态模拟专家"成为生态流量评估小组的必要成员（Webb 等，2017）。尽管这种方法是非常需要的，并且应该被视为最佳实践，但是这里描述得较不繁琐的方法也增加了生态流量评估的严格性，远远超出了许多当前评估的水平，尽管不需要这种专业知识。

12.5 结论

在本节中概述了一种方法，用于改进生态流量评估中恢复水文情势的生态响应预测的证据基础和严格性。它当然不是改善生态流量评估严格性的唯一方法，将这些方法纳入生态流量评估将增加成本，但并非过高。更重要的是，这些方法将生态流量评估推向一个严格的水平，他们可以正确地声称基于最佳科学，并与基于证据的环境管理的最佳实践保持一致。

参　考　文　献

［1］　杜悦悦，胡熠娜，杨旸，等．基于生态重要性和敏感性的西南山地生态安全格局构建——以云南省大理白族自治州为例［J］．生态学报，2017，37（24）：8241-8253．

［2］　徐薇，龚昱田．长江上游主要河流水电开发现状及其水生态敏感性评价［C］．2014 中国环境科学学会学术年会，2014：851-859．

［3］　王业耀，阴琨，杨琦，等．河流水生态环境质量评价方法研究与应用进展［J］．中国环境监测，2014（4）：9．

［4］　芦康乐，武海涛，杨萌尧，等．沼泽湿地水生无脊椎动物完整性指数构建与健康评价［J］．中国环境监测，2018，34（6）：8．

［5］　王备新，杨莲芳，胡本进，等．应用底栖动物完整性指数 B-IBI 评价溪流健康［J］．生态学报，2005，25（6）：1481-1490．

［6］　张鸣鸣．农村公共产品效率的参与式评估研究［J］．中州学刊，2010（2）：135-137．

［7］　涂异，汪金能，朱曲平，等．应用 PSO-KELM 模型预测水文时间序列［J］．中国农村水利水电，2018（7）：21-24．

［8］　邵年华．水文时间序列几种预测方法比较研究［D］．西安：西安理工大学，2010．

［9］　张志，朱清科，朱金兆，等．参与式农村评估（PRA）在流域景观格局研究中的应用——以晋西黄土区吉县蔡家川为例［J］．中国水土保持科学，2005，（1）：25-31．

［10］　KLEYNHANS C J. Assessment of ecological importance and sensitivity［R］. Water resources protection policy implementation，1999.

［11］　KARR J R，FAUSCH K D，ANGERMEIER P L，et al. Assessing biological integrity in running waters［J］. A method and its rationale. Illinois Natural History Survey，Champaign，Special Publication，1986，5：1-28.

［12］　KARR J R. Assessment of biotic integrity using fish communities［J］. Fisheries，1981，6（6）：21-27.

［13］　KLEYNHANS C J. Desktop present ecological status assessment for use in the national water balance model［M］. Section R3 in Resource Directed Measures for Protection of Water Resources：River Ecosystems Version，1999.

［14］　OSWOOD M W，BARBER W E. Assessment of fish habitat in streams：goals，constraints，and a new technique［J］. Fisheries，1982，7（4）：8-11.

［15］　WANG L，SIMNSON T D，LYONS J. Accuracy and precision of selected stream habitat estimates［J］. North American Journal of Fisheries Management，1996，16（2）：340-347.

［16］　WEEKS D C，POLLARD S R，FOURIE A. A Pre-impoundment study of the Sabie-Sand River System，Mpumalanga with special reference to predicted impacts on the Kruger National Park［M］. Water Research Commission，1996.

［17］　RUSSELL I A. Monitoring the conservation status and diversity of fish assemblages in the major rivers of the Kruger National Park［D］. University of the Witwatersrand，1998.

［18］　KELTON P. A Complete Guide to the Freshwater Fishes of Southern Africa Southern［M］. Pretoria：Zoological Society of South Africa，2013.

［19］　Bell-Cross G，Minshull J L. The fishes of Zimbabwe［J］. Copa，1992，33（2）：45-52.

［20］　KLEYNHANS C J. The development of a fish index to assess the biological integrity of South African rivers［J］. WATER SA，1999，25（3）：265-278.

［21］ CHUTTER F M. The rapid biological assessment of streams and river water quality by means of macroinvertebrate communities in South Africa ［J］. Classification of rivers and environmental health indicators. WRC Report No. TT，1994，63（94）：217 – 234.

［22］ ROWNTREE K M，WADESON R A. A Hierarchical Geomorphological Model for the Classification of Selected South African Rivers：Final Report to the Water Research Commission ［M］. Ottawa：Water Research Commission，1999.

［23］ MCMILLAN P H. An Integrated Habitat Assessment System（IHAS Version 2），for the rapid biological assessment of rivers and streams ［M］. CSIR research project，No. ENV – PI，1998.

［24］ KLEYNHANS C J. R7：Assessment of Ecological Importance and Sensitivity ［M］. Pretoria：Department of Water Affairs and Forestry，1999.

［25］ 张远，徐成斌，马溪平，张铮，王俊臣. 辽河流域河流底栖动物完整性评价指标与标准 ［J］. 环境科学学报，2007，27（6）：919 – 927.

［26］ BOUCHER C. Western Cape Province State of Biodiversity ［M］. Cape Town：Cape Nature Scientific Services，2007.

［27］ BOUCHER C，STROMBERG J C，PATTEN D T. Riparian vegetation instream flow requirements：A case study from a diverted stream in the Eastern Sierra Nevada，California，USA ［J］. Environmental Management，1990，14：185 – 194.

［28］ KENT M. coker P. Vegetation Description and Analysis：A Practical Approach ［M］. London：Belhaven Press，1992.

［29］ WERGER M J A. On concepts and techniques applied in the Ziirich – Montpellier method of vegetation survey ［J］. Bothalia，1974，11（3）：309 – 323.

［30］ CLARKE K R，Warwick R M. An approach to statistical analysis and interpretation ［J］. Change in marine communities，1994，2（1）：117 – 143.

［31］ Department of Water Affairs and Forestry（DWAF）. South African water quality guidelines ［R］. Department of Water Affairs and Forestry，PretoriaAquatic Ecosystems，1996.

［32］ PALMER C G，SCHERMAN P A. Application of an artificial stream system to investigate the water quality tolerances of indigenous，South African，riverine macroinvertebrates ［M］. Ottawa：Water Research Commission，2000.

［33］ CHUTTER F M. Research on the Rapid Biological Assessment of Water Quality Impacts in Streams and Rivers：Final Report to the Water Research Commission ［M］. Ottawa：Water Research Commission，1998.

［34］ Department of Water Affairs and Forestry（DWAF）. Analytical methods manual ［R］. Department of Water Affairs and Forestry，Pretoria，Technical Report，1992.

［35］ Department of Water Affairs and Forestry（DWAF）. Resource directed measures for Protection of water resources ［R］. Department of Water Affairs and Forestry，Pretoria，River ecosystems，1999.

［36］ SANDHAM L A，CHABALALA J J，SPALING H H. Participatory Rural Appraisal Approaches for Public Participation in EIA：Lessons from South Africa ［J］. Land，2019，8（10）：150.

［37］ BROWN C A，KING J M. Consulting services for the establishment and monitoring of the instream flow requirements for river courses downstream of the LHWP dams ［R］. Volume II：IFR methodology，Lesotho Highlands Development Authority，2000.

［38］ Metsi Consultants. Consulting services for the establishment and monitoring of the instream flow requirements for river courses downstream of the Lesotho Highlands Water Project dams ［R］. Lesotho Highlands Development Authority，1998.

［39］ MIDGLEY D C，PITMAN W V，MIDDLETON B J. Surface Water Resources of South Africa 1990 ［R］. Water Research Commission，Pretoria，1994：298.

［40］ HUGHES D A，SMAKHTIN V. Daily flow time series patching or extension：a spatial interpolation approach based on flow duration curves ［J］. Journal of Hydrology，1996，41 (6)：851 - 871.

［41］ HUGHES D A，SAMI K. A semi - distributed，variable time interval model of catchment hydrology - structure and parameter estimation procedures ［J］. Journal of Hydrology，1994，155：265 - 291.

［42］ SCHULZE R E. Hydrology and agrohydrology. A text to accompany the ACRU 3. 00 agrohydrological modelling system ［R］. Water Research Commission，Pretoria，1995.

［43］ SCHULTZ C B，MIDDLETON B J，PITMAN W V. Estimating daily flow information from monthly flow data ［R］. Paper presented at the 7th South African national hydrology symposium，1995.

［44］ HUGHES D A，O'KEEFFE J H，SMAKHTIN V，et al. Development of an operating rule model to simulate time series of reservoir releases for instream flow requirements ［J］. Water SA，1997，23 (1)：21 - 30.

［45］ HUGHES D A，ZIERVOGEL G. The inclusion of operating rules in a daily reservoir simulation model to determine ecological reserve releases for river maintenance ［J］. Water SA，1998，24 (4)：293 - 302.

［46］ SMAKHTIN V Y，WATKINS D A. Low flow estimation in South Africa ［R］. Water Research Commission，Pretoria. 1997.

［47］ BIRKHEAD A L，JAMES C S. Synthesis of rating curves from local stage and remote discharge monitoring using non - linear Muskingum routing ［J］. Journal of Hydrology，1998，205：52 - 65.

［48］ KING JM，THARME R E，BROWN C A. Definition and implementation of instream flows ［R］. Southern Waters Ecological Research and Consulting，Cape Town. 1999，63.

［49］ GORDON N D，MCMAHON T A，FINLAYSON B L. Stream hydrology. An introduction for ecologists ［M］. New York：John Wiley and Sons Ltd，2004.

［50］ WEBB A，BAKER B，CASANELIA S，et al. Commonwealth Environmental Water Office Long Term Intervention Monitoring Project：Goulburn River Selected Area Evaluation Report ［R］. Report Prepared for the Commonwealth Environmental Water Office，2017.

［51］ WEBB J A. Rapid evidence synthesis in environmental causal assessments ［J］. Freshwater Science，2017，36 (1)：218 - 229.

［52］ WEBB J A，ARTHINGTON A H，OLDEN J D. Models of ecological responses to flow regime change to inform environmental flow assessments ［J］. In：Water for the Environment，2017，287 - 316.

［53］ WEBB J A，BOND N R，WEALANDS S R，et al. Bayesian clustering with AutoClass explicitly recognizes uncertainties in landscape classification ［J］. Ecography，2007，30：526 - 536.

［54］ WEBB J A，De LITTLE S C，MILLER K A. Quantifying and predicting the benefits of environmental flows：combining large - scale monitoring data and expert knowledge within hierarchical Bayesian models ［J］. Freshwater Biology，2018，63：831 - 843.

［55］ WEBB J A，De LITTLE S C，MILLER K A，et al. A general approach to predicting ecological responses to environmental flows：making the best use of the literature，expert knowledge，and monitoring data ［J］. River Research and Applications，2015，31：505 - 514.

［56］ WEBB J A，MILLER K A，De LITTLE S C. Overcoming the challenges of monitoring and evaluating environmental flows through science - management partnerships ［J］. International Journal of River Basin Management，2014，12：111 - 121.

［57］ WEBB J A，MILLER K A，de LITTLE S C，et al. An online database and desktop assessment software to simplify systematic reviews in environmental science [J]. Environmental Modelling and Software, 2015, 64: 72 - 79.

[58] WEBB J A, MILLER K A, KING E, et al. Squeezing the most out of existing literature: a systematic re - analysis of published evidence on ecological responses to altered flows [J]. Freshwater Biology, 2013, 58: 2439 - 2451.

[59] WEBB J A, SCHOFIELD K, PEAT M, et al. Weaving the common threads in environmental causal assessment methods: towards an ideal method for rapid evidence synthesis [J]. Freshwater Science, 2017, 36: 250 - 256.

[60] WEBB J A, STEWARDSON M J, CHEE Y E, et al. Negotiating the turbulent boundary: the challenges of building a science - management collaboration for landscape - scale monitoring of environmental flows [J]. Marine and Freshwater Research, 2010, 61: 798 - 807.

[61] WEBB J A, STEWARDSON M J, KOSTER W M. Detecting ecological responses to flow variation using Bayesian hierarchical models [J]. Freshwater Biology, 2010, 55: 108 - 126.

[62] WEBB J A, WALLIS E M, STEWARDSON M J. A systematic review of published evidence linking wetland plants to water regime components [J]. Aquatic Botany, 2012, 103: 1 - 14.

[63] WEBB J A, WATTS R J, ALLAN C. Principles for monitoring, evaluation and adaptive management of environmental flows [J]. Water for the Environment, 2017, 599 - 623.

[64] ROBERTS P D, Stewart G B, Pullin A S. Are review articles a reliable source of evidence to support conservation and environmental management? [J] Biological Conservation, 2017, 132: 409 - 423.

[65] KHAN K S, KUNZ R, KLEIJNEN J. Five steps to conducting a systematic review [J]. Journal of the Royal Society of Medicine, 2003, 96: 118 - 121.

[66] CEE. Guidelines for Systematic Review and Evidence Synthesis in Environmental Management [R]. Bangor, Wales: Collaboration for Environmental Evidence, 2013.

[67] COOK C N, NICHOLS S J, WEBB J A, et al. Simplifying the selection of evidence synthesis methods to inform environmental decisions: a guide for decision makers and scientists [J]. Biological Conservation, 2017, 213: 135 - 145.

[68] CHAN T U, HART B T, KENNARD M J. et al. Bayesian network models for environmental flow decision making in the Daly River, Northwest Territory, Australia [J]. River Research and Applications, 2012, 28: 283 - 301.

[69] McCANN R K, MARCONT B G, ELLIS R. Bayesian belief networks: applications in ecology and natural resource management [J]. Canadian Journal of Forest Research, 2006, 36: 3053 - 3062.

[70] SHENTON W, HART BT, CHAN T. Bayesian network models for environmental flow decision - making: Latrobe River Australia [J]. River Research and Applications 2011, 27: 283 - 296.

[71] SHENTON W, HART B T, Chan T U. A Bayesian network approach to support environmental flow restoration decisions in the Yarra River, Australia [J]. Stochastic Environmental Risk Assessment, 2014, 28: 57 - 65.

[72] KUHNERT P M, MARTIN T G, GRIFFITHS S P. A guide to eliciting and using expert knowledge in Bayesian ecological models [J]. Ecology Letters, 2010, 13: 900 - 914.

[73] DE LITTLE S C, WEBB J A, MILLER K A, et al. Using Bayesian hierrchical models to measure and predict the effectiveness of environmental flows and ecological responses [R]. 20th International Congress on Modeling and Simulations, Adelaide, 2013.

[74] DE LITTLE S C, CASASMULET R, PATULNY L, et al. Minimising biases in expert elicitations to inform environmental management: case studies from environmental flows in Australia [J]. Environmental Modelling and Software, 2018, 100: 146 - 158.

［75］ SPEIRS - BRIDGE A，FIDLER F，MCBRIDE M，et al. Reducing overconfidence in the interval judgments of experts ［J］. Risk Analysis，2010，30：512 - 523.

［76］ MCBRIDE M，FIDLER F，BURGMAN M A. Evaluating the accuracy and calibration of expert predictions under uncertainty：predicting the outcomes of ecological research ［J］. Diversity and Distributions，2012，18：782 - 794.

［77］ WINTLE B C，FIDLER F，VESK P A. Improving visual estimation through active feedback ［J］. Methods in Ecology and Evolution，2013，4：53 - 62.

［78］ MCCARTHY M A，MASTERS P. Profiting from prior information in Bayesian analyses of ecological data ［J］. Journal of Applied Ecology，2005，42：1012 - 1019.

［79］ MCCARTHY M A. Bayesian Methods for Ecology ［M］. Cambridge：Cambridge University Press，2007.

［80］ PEARL J. Causality：Models，Reasoning，and Inference ［M］. Cambridge：Cambridge University Press，2000.

［81］ CLARK J S. Why environmental scientists are becoming Bayesians ［J］. Ecology Letters，2005，8：2 - 14.

［82］ CLARK J S. Models for Ecological Data：An Introduction ［M］. New Jersey：Princeton University Press，2020.

［83］ CLARK J S，Bell D M，Hersch M H，et al. Individual - scale variation，species - scale differences：inference needed to understand diversity ［J］. Ecology Letters，2011，14：1273 - 1287.

［84］ ANDRIEU C，DE FREITAS N，DOUCET A. An introduction to MCMC for machine learning ［J］. Machine Learning，2003，50：5 - 43.

［85］ GELMAN A，HILL J. Data Analysis Using Regression and Multilevel/Hierarchical Models ［M］. Cambridge：Cambridge University Press，2007.

［86］ GELMAN A，LOKEN E. The garden of forking paths：Why multiple comparisons can be a problem，even when there is no "fishing expedition" or "p - hacking" and the research hypothesis was posited ahead of time ［R］. New York：Department of Statistics，Columbia University，2013.

［87］ DEMPSTER A P，LAIRD N M，RUBIN D B. Maximum likelihood from incomplete data via the EM algorithm. Journal of the Royal Statistical Society ［J］. Series B （Methodological），1977，39：1 - 38.

［88］ ZAMPATTI B，LEIGH S. Effects of flooding on recruitment and abundance of Golden Perch （Macquaria ambigua ambigua） in the lower River Murray ［J］. Ecological Management and Restoration，2013，14：135 - 143.

［89］ SMITH D L，BRANNON E L，SHAFII B. Use of the average and fluctuating velocity components for estimation of volitional rainbow trout density ［J］. Transactions of the American Fisheries Society，2006，135：431 - 441.

［90］ SMITH G B. Making the best of available evidence to predict native fish responses to flow variation in Victorian rivers ［D］. University of Melbourne，2013.

［91］ SMITH S M，PRESTEGAARD K L. Hydraulic performance of a morphology - based stream channel design ［J］. Water Resources Research，2005，41：1 - 17.

［92］ GBCMA. Goulburn River Seasonal Watering Proposal 2016—2017 ［R］. Shepparton：Goulburn Broken Catchment Management Authority，2016.

［93］ NORRIS R H，WEBB J A，NICHOLS S J，et al. Analyzing cause and effect in environmental assessments：using weighted evidence from the literature ［J］. Freshwater Science，2012，31：5 - 21.

［94］ HANEA A，MCBRIDE M，BURGMAN M，et al. Investigate discuss estimate aggregate for structured expert judgement ［J］. International Journal of Forecasting，2017，33：267 - 279.

［95］ BURGMAN M，Carr A，GODDEN L，et al. Redefining expertise and improving ecological judgment ［J］. Conservation Letters，2011，4：81 - 87.

［96］ BURNHAM K P，ANDERSON D R. Model Selection and Inference：A Practical Information - theoretic Approach ［M］. New York：Springer，1998.

［97］ BURNHAM K P，ANDERSON D R. Model Selection and Multi - model Inference：A Practical Information - theoretic Approach ［J］. Technometrics，2002，45（2）：181.

［98］ CAIN J. Planning Improvements in Natural Resource Management：Guidelines for Using Bayesian Networks to Support the Planning and Management Development Programmes in the Water Sector and Beyond ［R］. Wallingford：Centre for Ecology and Hydrology，2001.

［99］ RYDER D S，TOMLINSON M，GAWNE B. Defining and using "best available science"：a policy conundrum for the management of aquatic ecosystems ［J］. Marine and Freshwater Research，2010，61：821 - 828.

［100］ STEVENS A，MILNE R. The effectiveness revolution and public health ［J］. Progress in Public Health，1997，197 - 225.

［101］ STEVENS D L，JR LARSEN D P，OLSEN A R. The role of sample surveys：why should practitioners consider using a statistical sampling design? ［J］. In：Salmonid Field Protocols Handbook，2007，1：11 - 23.

［102］ STEVENS D L，OLSEN A R. Spatially balanced sampling of natural resources ［J］. Journal of the American Statistical Association，2004，99：262 - 278.

［103］ GREET J，WEBB J A，COUSENS R D. The importance of seasonal flow timing for riparian vegetation dynamics：a systematic review using causal criteria analysis ［J］. Freshwater Biology，2011，56：1231 - 1247.

［104］ MILLER K A，WEBB J A，DE LITTLE S C. Environmental flows can reduce the encroachment of terrestrial vegetation into river channels：a systematic literature review ［J］. Environmental Management，2013，52：1201 - 1212.

［105］ LOWE L，SZEMIS J，WEBB J A. Uncertainty and environmental water ［J］. Water for the Environment，2017：317 - 344.

［106］ ARTHINGTON A H. Environmental Flows：Saving Rivers in the Third Millennium ［M］. Berkeley，CA：University of California Press，2012.

［107］ BRYAN B A，HIGGINS A，OVERTON I C，et al. Ecohydrological and socioeconomic integration for the operational management of environmental flows ［J］. Ecological Applications，2013，23：999 - 1016.

［108］ HORNE A C，SZEMIS J M，WEBB J A，et al. Informing environmental water management decisions：using conditional probability networks to address the information needs of planning and implementation cycles ［J］. Environmental Management，2018，61：347 - 357.

［109］ SAMUEL M SCHEINER，JESSICA GUREVITCH. 生态学实验设计与分析 ［M］. 牟溥，译. 北京：高等教育出版社，2008.

第 3 篇

结构单元法实施后的
流量管理

引言

　　结构单元法实施后至关重要的是要监测生态流量，以确保所设定的流量可以达到预期目标。只有在确定了任何一个项目的方案后，才能对这些进行细化，因为此时要设定的目标已经确定，并且可以确定适当的监测。在此可结合适应性管理的方法和思想去管理流量。

第13章 结构单元法后续流量管理

13.1 后续流量管理意义

应进行更深入的研究，使 BBM 研讨会产生的生态流量需求得以"健康"实施：①以满足生态和工程考虑因素的方式设计大坝或其他水资源结构。②汇编拟议开发的运行规则，以满足所选择的方案中描述的用水需求。③设计和建立监测计划，以跟踪正在商定交付的生态流量以及生态管理级别和目标是否得到满足。

13.2 生态流量要求与水资源输出模型之间的联系

在 BBM 的早期开发过程中，研讨会的标准输出中没有关于环境流量需求不同组成部分流量供应以保证所需水平的信息。例如，尽管为每个日历月指定了维护低流量（基流）的大小，但没有迹象表明如何确定可能适用的年份和应该接受干旱低流量（基流）的年份，也不清楚低流量是否以及何时可能超过建议的维护低流量，或者介于其与干旱低流量之间。简单的规定是，生态流量的释放量应与自然气候相关联。

鉴于这种固有的不确定性，BBM 进一步发展出可确定所需流量的百分比保证规则，以便可以与水力建模的其他用水量相容的方式来定义这些规则。基流和干旱流量的时间百分比因河流而异，取决于河流对流量变化的敏感性（Hughes，1999）。这些百分比可以根据流量变化来估算水文状况的特征，但要根据生态专家的看法进行检查。

还有一个主要问题是生态流量需求与气候之间的联系。BBM 的基本假设之一是，任何河流的指定生态流量需求通过与该流域当前气候相关的方式供应。例如，在流域没有降雨的一个月内，不应向下游释放大量水。此外，在平水期和枯水期，应分别存在干旱流量和基流。为了促进这一点，开发了 IFR 模型（Hughes 等，1997）。

BBM 的输出已经从简单的生态流量需求表扩展到水力模型模拟设计要求的时间序列。生成统计概要时提供了（对于每个日历月）修改的水文情势处于或高于基流、基流和干旱之间或处于干旱水平的时间百分比。这些实际上是不同流量的推荐保证水平，也由流量历时曲线表示。

为完整的时间序列生成可以每月总释放量，进一步分析以确定被修改的水文情势详细的流量保证值。然后将时间序列或保证水平用于常规水资源评估和水库输出模型，以确定开发计划是否能够满足预期的取水需求以及生态流量需求释放要求。

在模型兼容的情况下，遵循决策对输出的影响并进行任何必要的调整交互过程。该过程基于在计算生态流量需求之前给出所需输出的情况，然后评估生态流量需求对输出的影响。其内容为：①为建模者提供生态流量需求结果。生态流量需求结果以水力模型能识别的格式提供，并检查其是否正确。②评估生态流量需求对输出的影响。模型工程师确定生态流量需求是否可以满足所提出的发展。如果是这种情况，则该过程在此结束。③开发生态流量需求替代方案。如果在不影响拟议开发的情况下无法满足生态流量需求，则需要模型工程师提供一些指示，说明生态流量需求中的哪些流量组分对输出影响最大。然后，BBM 团队的建模师和关键成员通过改变各种流量组分的大小、频率、持续时间得到不同的流量方案。然后计算每个方案的收益率。

13.3　将生态流量的需求与当前气候联系起来

计算大坝释放将确保适量的水到达指定地点，这并不是一项简单的任务。河流中的流量是不均匀、不稳定的，并且自然河道的不规则几何形状导致复杂且强烈的非线性系统，水以复杂的模式流动。此外，还必须考虑沿河道的排水和进水。因此，可能有必要使用 Mike、EFDC 和 WAS 等模型模拟水通过系统的路线。这些水力路径模型能够估计流量滞后时间、蒸发蒸腾和渗漏损失，但模型需要大量的数据，这为模型模拟带来一定的困难。

洪水供应尤其成问题，因为生态流量需求规定在 BBM 现场以特定的流量和速度输送高流量，以实现某些目标。可能需要复杂的分析来确定大坝排水的大小，以及它与大坝和BBM 站点之间自然流入的联系，以满足生态流量需求规范。释放比现场要求的流量大得多的流量，以抵消洪水排放的下游衰减，可能对大坝下游的河段产生负面影响。在此类活动期间，应与 BBM 专家保持密切联系。

13.4　适应性管理

适应性管理包括持续的监控过程以评估其（管理的）有效性，并在此评估的基础上改进（管理）过程，如图 13-1所示。它需要透明的规划制度和执行战略，并强调监测和审查，以确保新出现的资料反映在未来的规划中。适应性管理允许随着时间推移，技术的发展实现最佳实践环境管理。适应性管理框架广泛用于在做出重要管理决策时处理未知和意外的冲击。适应性管理在生态流量管理过程中，具有一定的优势，即面对不确定性的复杂生态系统管理，适应性管理具有减少不确定性和协助更好地管理多种社会经济风险的潜力。

被动式适应性管理位于管理统一体的末端。管理者或

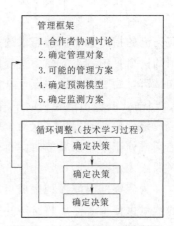

图 13-1　适应性管理框架图

实现者通过使用过去的经验和学习制定当前的最佳策略/实践来学习和改进。一段时间后，对实践的实施进行审查，可能导致政策的变化和接受新的"最佳"实践。因此，被动式适应性管理在管理中采用循环计划、行动、监视和评估循环过程来逐步改进实践。被动适应性管理适用于简单或温和的管理情况，特别是当目标是单一使用或开发资源时（Schreiber，2004）。被动式适应性管理的重点是管理结果，而不是学习本身，被动方法不能区分实现管理目标的不同选择。因此，在生态流量管理过程中更适合采用被动式适应性管理。

13.4.1 面对不确定性并进行适应性管理

由于河流生态系统的动态性和复杂性，对水文情势变化的生态影响预测是不确定的。因此，面对不确定性并进行生态流量评估的适应性管理是关于预测河流水文情势不确定变化的生态后果。为什么在河流或溪流中未来条件的预测是不确定的？除了水之外，河流还携带沉积物和其他无机物质、木材和其他有机物质以及生物物质、化学物质和热量，所有这些是否都会影响河流生态系统？因此生态流量评估需要考虑的不仅仅是水和鱼类。因为研究人员的理解是有限的，所以管理一个规范的或经修改的河流都不可避免地是一个实验，挑战在于使它成为一个信息丰富的实验。

水资源管理者和监管机构面临两难选择：一方面，他们需要就将改变水文情势的项目或政策做出决策；另一方面，他们对决策的环境后果有不确定的信息。几十年来，已经建议将适应性管理作为对河流管理中出现这种情况的最佳响应，例如 Poff 等（1997）的管理方法以及一般的生态系统管理（DeFries 和 Nagendra，2017）。适应性管理认识到评估是不确定的，并允许根据新信息修改管理。研究人员建议采用"基于证据的"方法（Webb 等，2015）。通常，该方法涉及将最佳实践应用于开发和应用贝叶斯模型过程中的每个步骤，这似乎是适应性管理的自然选择。

鉴于管理是实验性的，监测是获得实验结果所必需的。虽然有些问题可以迅速得到解答，但大多数问题都不会，因此长期监测是适应性管理的一个关键部分。它也是提高水资源开发对河流影响科学认识的重要资源，因此，稳定的监测资金应成为水资源管理的一个组成部分。

13.4.2 BBM 中的适应性管理

观察数据和现有的知识很少足以充分评估一个复杂的自然系统的健康状况及其因果关系。在最好的情况下，数据往往在范围上过于有限，而知识方面又过于细碎。建模是一种科学的过程，它简化了现实，通过对数据、知识和假设的结构化，以一种创造性的、有约束的方式对特定的目的加强理解。模型可以系统地集成和捕获研究人员对管理、气候、人口统计和其他因素的变化及如何影响选定的系统健康指标的理解，以便能够澄清管理选项的后果。模型可以是定性的、定量的，也可以是两者的组合。一方面，考虑的系统越复杂，模型对驱动程序、过程和相关结果之间的交互的作用就越大。另一方面，模型是不完美的表示，它们试图描述的系统的性质可能会随着时间而改变。但是，适当针对新的知识和数据，几乎总是有利于模型的有用性，严格的模型选择和开发过程也是如此。

模型可用于综合研究人员对系统的理解，并有助于探索管理、气候和其他因素变化的可能影响。建模还可以是一个有效的过程，帮助确定知识差距，并确定监视需求和管理选项的优先级。因此，建模可以成为辅助适应性管理的一个有价值的工具。模型开发应该遵循严格的方法来增强相关性和可信度，特别是当模型用于指导需要可辩护性的管理决策时。在模型开发过程中，适当的利益相关者参与可能是社会学习和建立共识的有效方法。与所有利益相关者。作有助于确保模型得到适当的关注，并更有可能产生决策者和社区可接受的建议。

综合模型有助于为涉及复杂、多部门问题的系统提供决策信息。这些模型也可用于预测、预告、系统理解和社会学习等目的。主要的集成建模方法包括贝叶斯网络、耦合组件模型、专家系统、基于代理的模型和系统动力学。方法的选择必须取决于建模工作的目的、关于系统的可用知识和数据、时间框架和可用的技术资源。综合方法促进利益相关者参与、系统思考并提高透明度，因此可以成为适应性管理的有效工具。

所面临的挑战是将建模视为一个为适应性管理服务的持续的科学和参与性过程并加以实施。在这方面，建模的首要目标应该是确定新的知识和数据需求，这些知识和数据需求将导致进一步了解（如果不是直接澄清）各种行动方针对系统健康的影响。另一个目标是应尽可能协助就将要作出的管理决定达成一致意见或作出辩解。这样的目标需要良好的建模实践，特别是在选择一种能够识别背景的模型类型和方法方面，这就是参与性过程和适应性管理。它还要求使用参与性过程（选择适当的建模方法）和分析工具（敏感性评估），以帮助确定数据、知识和相关实验的类型，从而有助于实现第一个目标。由于实际原因，它还应考虑到获得这种新知识的成本效益。

很少有人会不同意适应性管理需要更多的重视和战略研究。为此目的，建模及其与信息或决策支持系统（信息和决策支持系统）的结合，可以帮助开发：①收集、记录和共享传统和非传统环境系统信息的方法；②改进的工具，以捕获和表达定性和定量的知识；③测试知识、识别差距和设计实验的方法；④监测技术能够区分变更的管理实践与和大多数系统相关的巨大自然变化的影响；⑤筛选和测试一系列替代政策的方法。

在研讨会中已结合前期调查结果和利益相关者的要求制定了符合流域健康发展的生态流量方案，但是流量方案实施后，因社会经济发展和河流保护目标的更替，原先设定的生态流量将变得不再合适，因此需要在连续监测和分析的基础上设定新的生态流量方案，此处给出一种生态流量适应性管理模型，如图 13-2 所示。

该模型的目的一方面是跟踪监测生态流量实施过程后的河流流量健康状况，以保证水库管理者、水资源管理者及其他相关者遵从生态流量的规定；另一方面是监测生态流量实施的有效性，即确定流量是否被满足，是否正在达到所期望的环境（生态）效果。

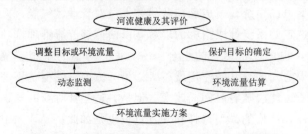

图 13-2　生态流量管理过程中的适应性管理模型

动态监测的具体步骤可分为三步：第一，结合已制定的生态流量方案和后续需求合理制定监测指标、监测站点以及监测频率。监测指标可分为水质、水文、生物指标，监测点可选择之前研究的站点，也可根据研究需要设定新的监测站点，监测频率根据不同的监测指标设定，水质和流量数据的监测频率可设为每日一次；第二，建立完善的监测体系，并严格执行；第三，分析监测结果，并根据结果适时调整生态流量。

此模型中，还存在一定的技术难点，例如监测指标的选择、监测体系的设定、如何准确识别生态流量实施的效果是否有效等，这些技术难点有待进一步研究。

13.5　BBM 后续流量管理建议

用于评估环境流量生物学方面有用的模型最近 20 年来已取得了重大进展，特别是分层贝叶斯统计模型、贝叶斯网络模型、动态能量预算模型、依赖于状态的生活史模型、动态占用模型和基于个体的模型。水力和水文模型也取得了重大进展。尽管取得了这些进展，但除非水文情势发生极端变化，否则精确预测河流对水文情势显著变化的整体生态反应仍然超出科学能力的范围。虽然在预测生态系统特定组成部分的响应方面也取得了更多进展，但预测也是不确定的，预测最好作为区间估计或概率分布给出，除非变化超过某个已知阈值，例如某个重要物种的耐温性。

生态流量评估中可以使用贝叶斯方法，包括贝叶斯网络模型和分层贝叶斯模型。这些方法具有明确和定量的处理不确定性以及以正式和易理解的方式将先验知识结合到分析中的巨大优点。这个模型还有助于对适合于适应性管理的生态流量评估进行更科学的思考。贝叶斯方法鼓励人们从对讨论的河流系统开始一些理解，寻找使他们对自己的理解充满信心的证据，然后通过适当调整他们的理解来重复该过程。

分层贝叶斯建模非常适合于复杂问题，包括无法直接测量的变量问题，必须根据其他变量的数据进行估算。它也非常适合同时处理多个河流。但正确使用分层贝叶斯模型，甚至理解它们如何工作，需要比常见的生态流量评估工作需要拥有更多的专业统计知识（Webb 等，2017）。这是一个主要的限制点。

贝叶斯网络模型更易于使用和理解，因此对于大多数评估来说似乎是更好的选择，直到更多具有良好统计技能的人员参与生态流量评估。然而，贝叶斯网络模型也有严重的局限性，例如没有反馈循环，将注意力限制在缺乏这种反馈循环的概念模型上是错误的。当具有了必要的专业知识和足够的数据时，可能应该使用分层贝叶斯模型；反之，贝叶斯网络应该是大多数评估的默认选择，尽管也可能需要其他方法。贝叶斯网络模型还可用于量化概念模型，并从专家引用中开发分层贝叶斯模型的先验分布。

非贝叶斯方法仍然在生态流量评估中有所应用。评估可能需要各种不太复杂的统计分析，使用标准（频率）方法比使用贝叶斯方法更容易完成。管理者更倾向于熟悉的频率论方法，因此对结果更加满意。

模拟模型也可以在生态流量评估中发挥重要作用。模拟模型包含了研究人员认为对手头情况最重要方面的描述，从而计算出研究人员认为的运作结果。模型可以很好地预测物理系统，这些物理系统很好理解，就像水力系统一样，但这些应该用独立的数据进行测试。模型对于预测生物系统会发生什么并不十分有效。如果模拟模型具有许多可调参数，则通常可以选择能够很好地拟合观测值的值，但是在预测中也可能会出现严重失败。

对于早期规划，或资金严重受限时，简单且有预防性的水文方法似乎是恰当的。在河流生态系统的压力较小且流量数据稀缺的情况下，这些方法也可能是适当的。但是，这些水文法不能替代对有关河流生态系统的基本了解。

审查相关文献应该是任何评估的一部分。与传统评价相比，对文献的系统评估更具信息性和透明度。如果有能力，应对重要问题进行全面的系统评价；否则，应使用快速证据进行评估。

主要评估将需要收集新数据。使用统计上适当的采样计划来收集数据，以及分析数据，将使评估准确性和可信性提高，并允许计算和报告区间估计，而不仅仅是站点估计。这些数据也具有更广泛的科学价值。

生态流量评估的水力评级方法似乎不可靠并且最好避免使用，特别是当河道截面是基于（非随机）样本时。水力几何关系估计了河道宽度和深度的中心趋势，但忽略了方差。尽管使用湿润宽度曲线上的快速变化点来确定流量标准具有直观性，但缺乏栖息地价值与湿润宽度成正比的良好证据。

漂移觅食或净能量摄入模型可以帮助理清思路，但由于缺乏有关漂移的良好信息，它们不用于量化栖息地作为流量的函数。即使有关于漂移和良好水力模型的良好信息，模型结果也只适用于栖息地的一个方面，甚至对于漂移觅食也是如此。基于水流速度对捕获效率影响的模型可以为水力模型的输出增加另一个维度，但同样，仅适用于栖息地的一个方面。另一方面，包含净能量摄入模型（如 InSALMO）的基于个体的模型允许探索关于鱼类如何使用栖息地的问题。

应该在生态流量评估中使用模型来帮助思考当前的情况。但是，使用自己不理解、不熟悉的模型是危险的，让计算机模型运行要比让正常模型运行容易得多。模型可能需要不明显的假设，违反这些假设可能会产生可疑的结果。

13.6　监测建议

对适应性管理的建议意味着需要一个监测计划，因此提供了以下关于监测的建议。在适应性管理中，管理行为被视为实验，可以测试物种或生态系统如何响应行动的想法（Williams，2006）。在这种情况下，监测是获得实验结果的一部分。另一部分是分析监测数据，并对其进行评价。

监测计划传统上衡量种群的特征，特别是丰富度、水温、流量等栖息地的属性。这些是必要的，但也应注意衡量种群的属性，如增长率和生理状况指标，如脂质含量等。检测种群的变化是困难的，但在有机变量中更容易检测到变化（Osenberg 等，1994；Fordie 等，2014）。有机变量通常具有更好的统计特性，并且还提供了物种可能受水文情势变化影响的证据。

在大多数情况下，监测应与具体的假设或管理活动联系起来。基本的生物监测通常是合理的，特别是在数据缺乏阻碍了有用假设应用的情况下（Power 等，2001），但存在对"状态和趋势"的监测可能变得危险，产生的数据从来没有经过深思熟虑的分析或批判性地评估。通过对监测计划的基本部分中解决具体问题的数据进行分析以及探索性分析，可以更好地避免这种危险。这也将阐明监控程序的哪些方面正在产生有用的数据，哪些不是。如果负责分析数据的人与数据收集密切相关，则监视会产生更好和更有用的数据。这使分析师能够更好地理解数据的优缺点，并促进现场工作人员更加谨慎地工作。

有时，监测可能涉及物种普查，就像所有鱼通过一个堰时被计数一样。更常见的是，监测涉及时间或空间上的采样。在这种情况下，如果监测程序使用概率（随机）设计，则可以获得更多信息。这种抽样设计证明了对未采样系统的部分推论是正确的；使用特意选择的样品设计则不会。

为了发挥作用，必须将监测数据转换成信息。作为第一步，汇总统计数据应补充合适的图形摘要，例如散点图、框图和累积频率分布图等。不同的图形摘要强调数据的不同方面，因此使用多个图形摘要通常是合适的。

模型是从监控数据中获取信息的另一种方式。从重要意义上讲，模型化只是一种思考数据的正式方式。贝叶斯方法通常可提供比传统的方法更有用的自然资源管理指南，并且随着新的监测数据变得可用且易于更新。使用频率论的方法时，应该更多地关注对影响大小和置信区间的估计，而不是对统计学意义的测试（Stewart－Oaten，1996；Steidl 等，1997；Johnson，1999）。

长期监测是适应性管理的关键部分，也可以提高水资源开发对河流影响的关键资源的科学了解，因此稳定的监测资金应成为水管理的一个组成部分。监管机构应对水利项目采取类似的措施，根据成本或引水量为监测提供资金。

对包含实际不确定性的模拟数据的分析可以帮助确定拟议的监测计划是否将为其旨在解决的问题提供有用的答案（Ludwig 和 Walters，1985；Williams，1991）。监视成本可能较高，而这种模拟降低了代价较高的故障风险。

大多数采样方法引入偏差。例如，如果目标生物对采样装置不是同样敏感，则样本就会有偏差。不幸的是，这种情况十分常见。一般认为，取样装置的效率通常取决于鱼的大小。或者可能无法在太浅、太深以及在灌木丛和树木下流动的水中使用取样装置。有时偏差可能更微妙。例如，为了捕捉向下游移动的鱼类，通常利用在上游设置陷阱的方式对幼鲑鱼进行取样，但如果鱼没有迁徙或迁徙非常缓慢，这种做法可能会对鱼类行为产生不利的影响。

在异常的事件或情况下，例如洪水的发生，额外采样有时可以产生特别有价值的信息。就其性质而言，不寻常的事件很难计划，但应急采样的资金可以成为监测计划的一部分。应急采样的效用可能取决于对实地计划的密切监督。

13.7　评估建议

对于任何有意义的具体步骤列表，生态流量评估的情况变化太大，但似乎有用的是在评估过程中提供一些关于评估过程的一般指导，类似于建模等。

写下对河流或区域、可用数据以及尝试回答问题的良好描述，几乎都是评估可以开始的地方。研究人员的经验是记录澄清了思考，并可以经常改变它。可以期望评估描述随着生态流量评估的进展而变化，并且可以了解有关系统的更多信息，但修改已有的描述比从头开始要困难得多。

改编自 Healey（1998）的问题为这项任务提供了一个很好的框架。你有什么样的河流生态系统？你有什么样的溪流生态系统？你想要什么样的河流生态系统？在这个框架内，生态流量评估应该尝试回答另外两个问题：你可以拥有什么样的河流生态系统，以及如何获得它？实际上，你还需要考虑以下问题：你可以拥有什么样的生态流量评估？可用的预算和数据将限制你的选择。

在编写描述和问题的同时，应该尽早开始开发系统各个方面的概念模型。与任何模型一样，它们应进行适当的测试和改进，或根据需要拒绝。如果概念模型不涉及反馈循环，它们可以并且可能应该将其转换为贝叶斯网络模型。

澄清可用或可能用于评估的财务和人力资源应该是另一个早期步骤，以便可以在评估的不同方面时合理分配资源，使评估与形势相匹配。然而，在所有其他条件相同的情况下，可用资源与结果的不确定性之间存在权衡。

选择合适的评估方法。如果有适当的资源和数据，研究人员建议使用基于证据的模型方法。如果不是，请考虑在适应性管理的背景下应用简单但保守的方法。

旨在向管理者提供明确指导的方法或模型，例如栖息地价值在流量上的估计曲线，几乎肯定是不值得信任的，应该避免使用让人不理解的方法。在前面的章节中，明确地阐述了分层贝叶斯模型，但它同样适用于其他类型；模型滥用的风险很高。

评估的结果几乎肯定会比支付评估费用的人所希望的更加不确定，因此在编写和提交评估时，很容易低估这种不确定性。评估通常在有关水的争议背景下进行，如果在评估过程中与争端各方进行协商，并且该过程是公开和透明的，则更有可能被争议各方接受。应提供足够详细的技术资料以满足专家的要求，但大部分内容应纳入附录。评估应该为决策提供信息，并且只有在决策者和其他读者能够理解的情况下才能做到这一点。

13.8　生态流量评估清单

以下总结了一份生态流量评估清单，该清单并非详尽无遗，并非所有这些要点都适用于所有评估，但希望能提供一定的帮助。

13.8.1　初始阶段

是否描述了项目设置、风险资源以及评估中要解决的问题？

是否已通知受影响的各方？

受影响的各方是否有机会提供意见？

是否描述了评估的概念框架？

是否制定了项目影响的初始概念模型？

是否确定并描述了可用于评估的财务和其他资源？

13.8.2　文献综述

是否对与评估的主要问题相关的文献进行了评审？

审查是否发现有关主要问题的相互矛盾的调查结果或意见？

如果是，是否描述了这些？

审查是否有条理？

文献综述是否检验了所提出的概念模型中的链接的证据？

是否根据文献综述修改了概念模型？

审查是否支持任何重点物种的选择？

审核是否支持任何方法选择？

13.8.3　专家引用

评估期间是否咨询过独立专家？

他们是否就方法提出了建议？

是否要求专家描述其建议背后的推理？

专家选择是使用结构化方法获得的吗？

概念模型是否根据专家意见进行了修改？

13.8.4　采样

抽样是否作为评估的一部分？

是否描述了抽样方案的原因和要解决的问题？

是否描述了采样范围和采样框架？

出于后勤方面原因，采样范围的一部分是否不可用？如果是这样，这是描述的那样吗？

采样点是否采用基于概率的抽样设计进行选择？

抽样的持续时间和频率是否足够？

抽样方法是否足够准确以达到目标？

是否描述和评估了抽样方法的潜在偏差？

13.8.5　数据管理

是否描述了数据收集技术和程序？

是否正确检查了数据中的错误？

数据是否安全存档？

归档数据是否随时可供其他人使用？

13.8.6　分析和解释

根据文献或专家意见制定的概念模型是否使用了任何数值模型？

是否描述了模型的假设？它们看似合理吗？

是否也使用了替代模型以及模型的形式？

如果将先验信息用于贝叶斯模型，它们是否清楚地描述和证明了合理性？

模型结果是否针对替代模型或模型的变体进行了测试？

模型选择标准是用于选择模型还是平均模型？

模型结果是否使用独立数据进行测试？

是否正确考虑了其他假设和分析方法？

如果使用统计显著性来评估关联的有效性，那么数据收集和分析的方法是否需要提前规定？

是否正确描述了不确定性并将其考虑在内？

分析技术和模型是否适当且适用？

分析评估并确定管理方案的效益和风险？

分析能否发现进一步学习的机会？

评估结果是否会在专业文献中报告？

13.8.7　结论

是否有意外发现？

这些是否改变了评估过程？

评估是否使用了与最初提出的方法不同的方法？

评估是否建议采用适应性管理？

评估是否建议进行额外监测？

如果是，是否提供了详细的监测计划？

它是否表达了要解决的假设？

拟议的监测是否有足够的持续时间？

是否会监测生物的生理状况和数量？

是否已模拟监控程序？

是否会为监测提供足够的资金？

13.8.8　编写和修改

是否有详细的站点和设置说明？

是否以图形方式显示了关键信息？

文章是否经过编辑以表达清楚？

技术术语是否保持在最低限度？

是否有技术信息的简明语言摘要？

技术细节是否附在附录中？

评估是否清楚地描述了自身的缺点和局限性？

参 考 文 献

[1] ERSKINE W D, TERRAZZOLO N, WARNER R F. River rehabilitation from the Hydrogeomorphic impacts of a large hydro – electric power project: snowy river, Australia [J]. Regulated Rivers Research & Management, 1999, 15 (3): 3 – 24.

[2] FORDIE F J, ABLE K W, GALVEZ F, et al. Integrating organismal and population responses of estuarine fishes in Macondo Spill research [J]. BioScience, 2014, 64: 778 – 788.

[3] HEALEY M C. Paradigms, policies, and prognostications about the management of watershed ecosystems [J]. In: River Ecology and Management: Lessons from Pacific Coastal Ecosystems, 1998, 642 – 661.

[4] HUGHES D A, Smakhtin V. Daily flow time series patching or extension: a spatial interpolation approach based on flow duration curves [J]. International Association of Scientific Hydrology Bulletin, 1997, 41 (6): 851 – 871.

[5] HUGHES D A. Towards the incorporation of magnitude – frequency concepts into the building block methodology used for quantifying ecological flow requirements of South African rivers [J]. Water S. A, 1999, 25 (3): 279 – 284.

[6] JOHNSON D H. The insignificance of statistical significance testing [J]. Journal of Wildlife Management, 1999, 63: 763 – 772.

[7] LADSON A, FINLAYSON B. Rhetoric and reality in the allocation of water to the environment: a case study of the Goulburn River, Victoria, Australia [J]. River Research & Applications, 2002, 18 (6): 555 – 568.

[8] LUDWIG D, WALTERS C J. Are age – structured models appropriate for catch and effort data? [J] Canadian Journal of Fisheries and Aquatic Sciences, 1985, 42: 1066 – 1072.

[9] MONSERUD R A. Large – scale management experiments in the moist maritime forests of the Pacific Northwest [J]. Landscape and Urban Planning, 2002, 59 (3): 159 – 180.

[10] OSENBERG C W, SCHMIDT J C, HOLBROOK S J, et al. Detection of environmental impacts: natural variability, effect size, and power analysis [J]. Ecological Applications 1994, 4: 16 – 30.

[11] PC D, MILLY, JULIO, et al. Climate change. Stationarity is dead: whither water management? [J]. Science, 2008, 319 (5863), 573 – 574.

[12] POWER M E, DIETRICH W E, SULLIVAN K O. Experimentation, observation, and inference in river and watershed investigations [J]. In: Issues and Perspectives in Experimental Ecology, 2001: 113 – 132.

[13] SCHREIBER E, BEARLIN A R, NICOL S J, et al. Adaptive management: a synthesis of current understanding and effective application [J]. Ecological Management & Restoration, 2004, 5 (3): 177 – 182.

[14] STEIDL R J, HAYES J P, SCHAUBER E. Statistical power analysis in wildlife research [J]. Journal of Wildlife Management, 1997, 61: 270 – 279.

[15] Russell J, Schmitt, Craig W. Osenberg, Detecting Ecological Impacts Concepts and Applications in Coastal Habitats [M]. Pittsburgh: Academic Press, 1996.

[16] WALKER K F. A review of the ecological effects of river regulation in Australia [J]. Hydrobiologia, 1985, 125 (1): 111 – 129.

[17] WEBB J A. Rapid evidence synthesis in environmental causal assessments [J]. Freshwater Science 2017, 36: 218 - 219.

[18] WILLIAMS J G. Central Valley salmon: a perspective on Chinook and steelhead in the Central Valley of California [J]. San Francisco Estuary and Watershed Science, 2006, 4: 2.

[19] WILLIAMS J G. Stock dynamics and adaptive management of habitat: an evaluation based on simulations [J]. North American Journal of Fisheries Management, 1991, 19: 329 - 341.